Inhalt

FACHWISSEN FEUERWEHR

Kemper

MASCHINIST FÜR LÖSCHFAHRZEUGE

3. Auflage 2021

ecomed
SICHERHEIT

Bibliografische Informationen der deutschen Nationalbibliothek

Die Deutsche Nationalbibliothek verzeichnet diese Publikation in der Deutschen Nationalbibliografie; detaillierte bibliografische Daten sind im Internet über http://www.dnb.de abrufbar.

Bei der Herstellung des Werkes haben wir uns zukunftsbewusst für umweltverträgliche und wiederverwertbare Materialien entschieden. Der Inhalt ist auf chlorfrei gebleichtes Papier gedruckt.

Nachweis der Fotos auf Umschlagseite 1:
Oben links: Gemeinschaft Feuerwehrfachhandel Deutschland – gfd® GmbH, Ludwigsfelde
Oben rechts: Albert Ziegler GmbH, Giengen
Unten links: Hans Kemper, Geseke
Unten rechts: AWG Fittings GmbH, Ballendorf

Aus Gründen der besseren Lesbarkeit wird in diesem Werk die Sprachform des generischen Maskulinums angewendet. Es wird darauf hingewiesen, dass die ausschließliche Verwendung der männlichen Form geschlechtsunabhängig zu sehen ist.

ISBN 978-3-609-69475-7

E-Mail: kundenservice@ecomed-storck.de

Telefon: 089/2183–7922
Telefax: 089/2183–7620

www.ecomed-storck.de

Satz: FotoSatz Pfeifer, Krailling
Druck: CPI books GmbH, Leck

Vorwort

Die Anforderungen an die Angehörigen der Feuerwehren haben sich im Laufe der letzten Jahre erheblich verändert. Genügten in der Vergangenheit oftmals die Kenntnisse der normalen Brandbekämpfung, müssen heute selbst kleinere Feuerwehren die unterschiedlichsten Notlagen meistern können, um in Not geratene Menschen oder Tiere zu retten, Sachwerte zu erhalten und die Umwelt vor schädlichen Einwirkungen zu bewahren.

Daher ist es erforderlich, dass alle Feuerwehrangehörigen umfassend ausgebildet werden. Dabei ergibt sich jedoch das Problem, dass diese Ausbildung von den meist nebenamtlich tätigen Feuerwehrangehörigen zusätzlich zu den ebenfalls weiter steigenden Anforderungen in deren Berufsleben und den vielfältigen Verpflichtungen im privaten oder familiären Umfeld geleistet werden muss. Letztlich liegt es an jedem Feuerwehrangehörigen selbst, ob und in welchem Umfang er bereit ist, sich durch eine regelmäßige und aktive Teilnahme an der angebotenen Aus- und Weiterbildung den gesteigerten Anforderungen an die Feuerwehr zu stellen.

Das Ziel der Broschürenreihe „Fachwissen Feuerwehr“ besteht darin, die Feuerwehrangehörigen mit dem Wissen auszustatten, das in der heutigen Zeit erforderlich ist, um aufgabengerecht und wirkungsvoll in der Feuerwehr tätig zu werden. Diese Broschürenreihe richtet sich vor allem an Feuerwehrangehörige, die erstmals in das jeweilige Thema „einsteigen“, aber auch an diejenigen, die sich ein solides Basiswissen aneignen möchten. Die Inhalte der Broschürenreihe entsprechen weitgehend den Inhalten und Vorgaben der Feuerwehr-Dienstvorschrift FwDV 2 „Ausbildung der Freiwilligen Feuerwehren“ und den daraus abgeleiteten Lernzielkatalogen. Deshalb kann diese Broschürenreihe auch gut zur Lehrgangsvorbereitung und -begleitung genutzt werden.

Die jeweiligen Texte und Abbildungen sind in leicht verständlicher Weise dargestellt, Hinweise und Merksätze filtern die für die Praxis wichtigen Informationen heraus. Auf die Verwendung spezieller Formeln und wenig gebräuchlicher Begriffe und Einheiten wird weitgehend verzichtet.

Die Angabe technischer Daten erfolgt ohne Gewähr. Weiterhin gelten alle Funktionsbezeichnungen und personenbezogenen Begriffe sowohl für weibliche als auch für männliche Feuerwehrangehörige.

Ein geordneter Feuerwehreinsatz ist nur möglich, wenn innerhalb der Mannschaft jeder Feuerwehrangehörige entsprechend seinen vorgegebenen Aufgaben handelt. Die besondere Aufgabenstellung des Maschinisten erfordert hierzu eine spezielle Ausbildung. Diese Broschüre **„Maschinist für Löschfahrzeuge"** befasst sich mit dem grundlegenden Basiswissen über die Aufgaben und Tätigkeiten der Maschinisten für Löschfahrzeuge und richtet sich vor allem an die Feuerwehrangehörigen, die sich auf die Ausbildung zum Maschinisten vorbereiten oder sich bereits in der Ausbildung befinden. Feuerwehrangehörige, die bereits Erfahrungen als Maschinist gesammelt haben, können mit diesem Fachbuch ihr Wissen auffrischen.

Hinweis: Die vorliegende 3. Auflage wurde aufgrund aktualisierter Normen und Unfallverhütungsvorschriften vollständig überarbeitet.

Zur Vertiefung der nachfolgend behandelten Themen wird auf die übrigen Broschüren der Reihe „Fachwissen Feuerwehr" verwiesen, insbesondere auf die Titel „Gerätekunde Feuerwehrpumpen", „Gerätekunde Arbeitsgerät", „Fahrzeugkunde Teil 1 und Teil 2" sowie „Löschwasserförderung".

Geseke, Januar 2021 — Hans Kemper

1 Einleitung

Damit die Feuerwehren bei ihren Einsätzen schnelle und wirksame Hilfe leisten können, stehen ihnen als unentbehrliche Hilfsmittel Fahrzeuge zur Verfügung, mit denen sie zu den jeweiligen Einsatzstellen ausrücken und dort entsprechend ihrer Aufgabenstellung tätig werden können. Löschfahrzeuge sind Feuerwehrfahrzeuge, die mit einer Feuerlöschkreiselpumpe und im Regelfall mit einem Löschwasserbehälter und anderen zusätzlichen Geräten für die Brandbekämpfung ausgerüstet sind. Sie werden zur Brandbekämpfung, zur Wasserförderung sowie zur Durchführung technischer Hilfeleistungen kleineren Umfangs verwendet. Die Löschfahrzeuge werden üblicherweise von ausgebildeten Maschinisten gefahren, die auch die technischen Einrichtungen bedienen.

Abbildung 1: Maschinist bei der Bedienung der Fahrzeugpumpe (Quelle: Fabian Klein, Feuerwehrportal Wiesbaden112.de)

Die Maschinisten von Löschfahrzeugen haben im Einsatzfall eine äußerst umfangreiche und verantwortungsvolle Aufgabe. Sie sind als Fahrer der Löschfahrzeuge für die sichere und zügige Fahrt zu Einsatzstelle zuständig, bedienen die eingebauten oder tragbaren Feuerlöschpumpen und die im Löschfahrzeug eingebauten Aggregate und unterstützen die übrigen Einsatzkräfte bei ihren Tätigkeiten. Sie sind weiterhin für die ordnungsgemäße Verlastung der Geräte nach Beendigung eines Einsatzes verantwortlich.

Die heutige Feuerwehrtechnik ist durch eine Vielfalt von Antriebs- und Regelungssystemen gekennzeichnet. Diese sind in die unterschiedlichsten, dem Einsatzbedarf angepassten Geräten eingebaut. Löschfahrzeuge als Maschinist bedienen zu können bedeutet, die Funktion von Pumpen und kraftbetriebenen Geräten sowie die Beladung genau zu kennen. Für die Einsatzpraxis ist es zudem erforderlich, Kenntnisse über Löschwasserentnahmestellen und ihre Wasserlieferung zu haben und für die Wasserförderung die Grundlagen der Hydraulik beim „Saugen“ und „Drücken“ zu verstehen.

Voraussetzung für die Ausbildung zum Maschinisten für Löschfahrzeuge sind die erfolgreich abgeschlossene Ausbildung zum Truppmann und die erforderliche Fahrerlaubnis für die in der jeweiligen Feuerwehr vorhandenen Feuerwehrfahrzeuge. Die Ausbildung zum Sprechfunker sollte vor der Ausbildung zum Maschinisten abgeschlossen sein.

Ziel der in der Feuerwehr-Dienstvorschrift FwDV 2 „Ausbildung der Freiwilligen Feuerwehren“ beschriebenen Ausbildung zum Maschinisten ist die Befähigung zum Bedienen maschinell angetriebener Einrichtungen – mit Ausnahme von maschinellen Zugeinrichtungen – und sonstiger auf Löschfahrzeugen mitgeführten Geräte sowie die Vermittlung von Kenntnissen und richtigen Verhaltensweisen, die für die Durchführung von Einsatzfahrten unter Inanspruchnahme von Sonderrechten erforderlich sind.

Die Ausbildung wird nach landesrechtlichen Regelungen auf Kreisebene oder an Landesfeuerwehrschulen durchgeführt. Die Ausbildungsdauer beträgt mindestens 35 Stunden.

2 Aufgaben des Maschinisten

Die grundsätzlichen Aufgaben eines Maschinisten für Löschfahrzeuge sind in der Feuerwehr-Dienstvorschrift FwDV 3 „Einheiten im Lösch- und Hilfeleistungseinsatz“ beschrieben. Ein Maschinist

- fährt das Löschfahrzeug,
- sichert die Einsatzstelle mit Warnblinkanlage, Fahrlicht und blauem Blinklicht,
- bedient die eingebauten und tragbaren Feuerlöschpumpen,
- bedient die mitgeführten kraftbetriebenen Geräte,
- unterstützt bei der Entnahme von Geräten,
- ist für die ordnungsgemäße Verlastung der Geräte verantwortlich,
- meldet Mängel am Fahrzeug und an Geräten dem Einheitsführer,
- unterstützt beim Aufbau der Wasserversorgung,
- unterstützt bei der Entnahme und dem Verladen von tragbaren Leitern und
- unterstützt auf Befehl bei der Atemschutzüberwachung.

Zur Erfüllung dieser Aufgaben ist es erforderlich, dass ein Maschinist die bei seiner Feuerwehr in Dienst stehenden Löschfahrzeuge und deren Ausrüstung genau kennt. Er muss den Aufbau, die Funktion und den Verwendungszweck der Feuerlöschkreiselpumpen mit den dazugehörenden Entlüftungseinrichtungen kennen und diese bedienen können und in der Lage sein, eine Wasserentnahme aus offenem Gewässer und Hydranten mit einer Löschwasserförderung bis zum Strahlrohr wirksam zu unterstützen. Regelmäßige Übungen – auch Fahrübungen – sind hierzu erforderlich.

Hinweis: Ein Maschinist von Löschfahrzeugen sollte jederzeit Ruhe ausstrahlen und Übersicht bewahren sowie ein sicherer Fahrer sein – auch in den besonderen Situationen, wie sie bei Einsatzfahrten der Feuerwehr auftreten – sowie technisches Verständnis für die Anwendung der unterschiedlichen Einsatzmittel haben.

2.1 Aufgaben als Fahrer

Der Maschinist ist für die Fahrtüchtigkeit des einzusetzenden Löschfahrzeuges verantwortlich. Vor Fahrantritt hat er die Fahrbereitschaft des Fahrzeuges herzustellen beziehungsweise zu überprüfen. Dazu heißt es in der DGUV Vorschrift 70 „Unfallverhütungsvorschrift Fahrzeuge“:

§ 36 Zustandskontrolle, Mängel an Fahrzeugen

(1) Der Fahrzeugführer hat vor Beginn jeder Arbeitsschicht die Wirksamkeit der Betätigungs- und Sicherheitseinrichtungen zu prüfen und während der Arbeitsschicht den Zustand der Fahrzeuge auf augenfällige Mängel hin zu beobachten.

Dabei ist zu beachten: Fahrzeugführer im Sinne einer Unfallverhütungsvorschrift ist der Fahrer des Fahrzeuges, Fahrzeugführer im Sinne der Feuerwehr-Dienstvorschriften ist jedoch der Führer der taktischen Einheit („der vorne rechts sitzt“), das heißt, der Gruppen-, Staffel- oder Truppführer.

■ Technische Einrichtungen des Fahrzeuges

Um ein Löschfahrzeug sicher fahren zu können, ist es erforderlich, dass der Maschinist die technischen Einrichtungen des Fahrzeuges genau kennt:

- Welche Funktionsschalter befinden sich am Armaturenbrett? Beleuchtung, Spiegeleinstellung, Lüftung, Warnblinkanlage, ...
- Welche Bedienungselemente müssen benutzt werden? Blinkerhebel, Lichtschalter, Schalthebel, Feststellbremse, ...
- Welche Kontrollleuchten sind zu beachten? Blinker, Abblendlicht, Öldruck, Geräteraumverschlüsse, Pumpe, ...
- Wie werden die Alarm- und Warneinrichtungen eingeschaltet? Kennleuchten, akustische Warneinrichtung, Warnblinkanlage, ...
- Welche Heizung ist eingebaut? Fahrzeugheizung, Zusatzheizung, ...
- Welche Sicherheitseinrichtungen sind verbaut? Antiblockiersystem, Antischlupfregelung, Abstandswarner, ...

- Welches Fahrverhalten hat das Fahrzeug? Heckantrieb, Frontantrieb, Allradantrieb
- Welche Abmessungen hat das Fahrzeug? Breite, Länge, Höhe, Wendekreis

■ Grundsätzliche Voraussetzung für eine Übungs-/Einsatzfahrt

Grundsätzliche Voraussetzung für die Durchführung einer Übungs- beziehungsweise Einsatzfahrt ist das Vorhandensein der notwendigen Fahrerlaubnis für das jeweilige Löschfahrzeug und eine umfassende Einweisung in die Funktionen des Fahrzeuges. Der Maschinist muss sich bei jeder Fahrt in einem fahrtüchtigen Zustand befinden, das heißt, keine Müdigkeit, Krankheit oder körperliche Beeinträchtigungen, kein Alkohol-, Medikamenten- oder Drogeneinfluss.

■ Ausrücken zu einer Übungs-/Einsatzfahrt

Der Maschinist beginnt erst auf Kommando des Fahrzeugführers die Fahrt mit dem Löschfahrzeug. Er muss sich zuvor davon überzeugen, dass nur so viele Einsatzkräfte eingestiegen sind, wie Sitzplätze im Fahrzeug vorhanden sind, die Einsatzkräfte ihre Sitzplätze eingenommen und die Sicherheitsgurte angelegt haben. Weiterhin müssen alle Fahrzeugtüren und Geräteraumabschlüsse geschlossen und die Ausfahrt frei sein.

■ Verhalten während einer Übungs-/Einsatzfahrt

Der Maschinist trägt als Fahrer des Löschfahrzeuges während einer Übungsbeziehungsweise Einsatzfahrt die Verantwortung für das Fahrzeug und die Einhaltung der Straßenverkehrsordnung. Er muss die gewählte Geschwindigkeit den äußeren Gegebenheiten (Witterung, Straßenzustand, Verkehrsdichte, Verhalten anderer Verkehrsteilnehmer, ...) und dem Einsatzzweck (Menschenleben retten, Ölspur beseitigen, ...) anpassen Die eigene Leistungsfähigkeit und das Fahrverhalten des Löschfahrzeuges sind von ihm zu beachten. Es gilt der Grundsatz: **„Sicherheit geht vor Schnelligkeit!“**

■ Weisungen des Fahrzeugführers

Auf der Fahrt ist der Maschinist für die Sicherheit der Besatzung und des Fahrzeuges sowie die Fahrweise verantwortlich. Werden Sonder- und Wegerechte in Anspruch genommen – die Entscheidung hierüber liegt jedoch nicht beim Maschinisten, sondern zunächst grundsätzlich beim Fahrzeugführer (Gruppen-, Staffel- oder Truppführer) – ist die gleichzeitige Verwendung der Kennleuchten mit blauem Blinklicht und der akustischen Warneinrichtung erforderlich (siehe auch Kapitel 3.1).

Trotz der Verantwortung des Maschinisten während einer Einsatzfahrt ist der Fahrzeugführer verpflichtet, ständig darauf zu achten, dass der Maschinist eine sichere Fahrweise anwendet und die Sonderrechte unter gebührender Berücksichtigung der vorliegenden Verkehrsverhältnisse in Anspruch nimmt.

Merke: Falls notwendig, ist der Fahrzeugführer verpflichtet, auf die Fahrweise des Maschinisten **mäßigend** einzuwirken!

Der Fahrzeugführer ist jederzeit berechtigt, dem Maschinisten Anweisungen zu Fahrtbeginn und Fahrstrecke und zum Beispiel Anweisungen wie „Fahrzeug halt!“, „Fahrzeug marsch!“ oder „Langsam fahren!“ zu geben; nicht jedoch Anweisungen wie zum Beispiel „Schneller fahren!“.

■ Eintreffen an der Übungs-/Einsatzstelle

Beim Anfahren und Aufstellen des Löschfahrzeuges hat der Maschinist darauf zu achten, dass das Fahrzeug einsatzfähig und ungefährdet bleibt. Die Aufstellung hat nach Weisung des Fahrzeugführers (Gruppen- Staffel- oder Truppführer) zu erfolgen. Die Lage und Zugänglichkeit der Wasserentnahmestellen sind dabei zu beachten.

Der Maschinist sichert das Löschfahrzeug gegebenenfalls gegen Wegrollen und sichert die Einsatzstelle durch Einschalten der Warnblinkanlage, des Fahrlichtes und der blauen Kennleuchten.

2.2 Aufgaben während des Einsatzes

Nach der Erteilung eines Einsatzbefehls an die taktische Einheit macht der Maschinist die Feuerlöschkreiselpumpe einsatzbereit, die als festeingebaute Fahrzeugpumpe oder als Tragkraftspritze vorhanden sein kann. Der Maschinist schließt die ankommenden und abgehenden Schlauchleitungen an der Feuerlöschkreiselpumpe an und bedient die Pumpe. Dabei muss er darauf achten, dass Schäden an der Pumpe vermieden werden (zum Beispiel durch Kavitation oder durch übermäßige Erwärmung), die vorgehenden Einsatzkräfte nicht gefährdet werden (zum Beispiel durch zu hohe Strahlrohrdrücke) und bei der Wasserförderung die vom Einsatzleiter vorgegebenen Drücke eingehalten werden. Er kontrolliert die Instrumente der Feuerlöschkreiselpumpe, um gegebenenfalls schnell auf Veränderungen (zum Beispiel Druckabfall) reagieren zu können.

Der Maschinist bedient darüber hinaus Aggregate, zum Beispiel den tragbaren oder festeingebauten Stromerzeuger, die fest angebaute Einsatzstellenbeleuchtung (Lichtmast), die Hydraulikpumpe der hydraulischen Rettungsgeräte, wenn die Pumpe vom Fahrzeug aus betrieben wird, und – sofern vorhanden – die Druckzumischanlage, die Druckluftschaumanlage, die Pulverlöschanlage oder die maschinelle Zugeinrichtung.

Hinweis: Die Ausbildung zur Bedienung von speziellen Löscheinrichtungen und einer maschinellen Zugeinrichtung (Seilwinde) ist nicht Bestandteil der Ausbildung zum Maschinisten. Diese Ausbildung muss an den Standorten erfolgen, an denen solche Ausstattungen vorhanden sind.

Der Maschinist unterstützt weiterhin die Einsatzkräfte bei der Entnahme von Geräten aus dem Löschfahrzeug (insbesondere Dachbeladung) und gegebenenfalls beim Aufbau der Wasserversorgung und Verlegen der Schlauchleitungen. Er unterstützt auf Befehl bei der Atemschutzüberwachung.

Bei der Wasserentnahme über Saugschläuche aus offenen Gewässern legt er die erforderlichen Kupplungsschlüssel, Saugkorb, Saugschutzkorb, Ventilleine und Halteleine an der Wasserentnahmestelle bereit.

2.3 Aufgaben nach dem Einsatz

Nach dem Befehl des Fahrzeugführers „Zum Abmarsch fertig!" schaltet der Maschinist die Feuerlöschkreiselpumpe aus und kuppelt die Schlauchleitungen ab. Durch Ruß oder Brandrückstände verunreinigte Geräte sind vor Ort grob zu reinigen, die für einen Schaumeinsatz verwendeten Druckschläuche und Geräte gründlich zu spülen.

Der Maschinist überzeugt sich, ob alle Geräte vorhanden, sicher gelagert, sämtliche Geräteräume geschlossen und Aufstiegshilfen eingeklappt sind und ob das Löschfahrzeug fahrbereit ist. Er meldet daraufhin dem Fahrzeugführer: **„Fahrzeug fahrbereit!"** oder er meldet, welche Geräte nicht vorhanden beziehungsweise einsatzbereit sind oder welche Beschädigungen vorliegen.

Nach der Ankunft im Feuerwehrhaus sorgt der Maschinist dafür, dass das Löschfahrzeug umgehend wieder einsatzbereit gemacht wird. Dazu gehört

- das Wiederauffüllen des Löschwasserbehälters (Schaummittelbehälters),
- der Austausch verschmutzter oder nasser Druckschläuche,
- der Austausch benutzter Atemschutzgeräte,
- das Betanken des Fahrzeuges und der Aggregate,
- die Beseitigung kleinerer Mängel.

Als Fahrer eines Dienstfahrzeuges ist er angehalten, das Fahrtenbuch auszufüllen. Darin sind nach der Fahrt folgende Punkte einzutragen:

- Datum,
- Uhrzeit der Abfahrt und der Rückkehr vom/zum Feuerwehrhaus,
- Kilometerstand und gefahrene Kilometer,
- Name des Fahrers und
- Bemerkungen (Beschädigungen, fehlende Geräte, ...).

Ist das Löschfahrzeug wieder einsatzbereit, meldet der Maschinist dem Verantwortlichen **„Fahrzeug einsatzbereit im Feuerwehrhaus!"**.

2.4 Wartung und Pflege

Zu den Aufgaben des Maschinisten kann – je nach örtlichen Festlegungen – auch die Wartung, Pflege, Reinigung und Betankung der Löschfahrzeuge beziehungsweise die Unterstützung des Gerätewartes gehören.

Diese Aufgaben werden von den jeweiligen Feuerwehren in der Regel in Form von Dienstanweisungen festgelegt. Das Warten und Pflegen von Fahrzeugen und Geräten, sowie Einstellarbeiten an Motoren oder Aggregaten darf nur an geeignete Feuerwehrangehörige (zum Beispiel Gerätewarte, Maschinisten) übertragen werden, die aufgrund ihrer Ausbildung in der Lage sind, diese Arbeiten auch fachgerecht auszuführen. Dazu heißt es in der DGUV Vorschrift 70 „Unfallverhütungsvorschrift Fahrzeuge“:

§ 56 Instandhaltung, ...

(1) Fahrzeuge dürfen nur unter Einhaltung der allgemein anerkannten Regeln der Technik und unter Beachtung der Betriebsanleitung des Herstellers in Stand gehalten werden. Darüber hinaus darf der Unternehmer Instandhaltungs-, Um- oder Nachrüstarbeiten, die spezielle Fachkenntnisse erfordern, nur hierfür geeigneten Unternehmen übertragen oder durch von ihm bestimmte fachlich geeignete Versicherte oder unter deren Leitung ausführen lassen.

Zu den regelmäßigen Wartungs- und Pflegearbeiten (täglich, wöchentlich oder monatlich) an Löschfahrzeugen gehören zum Beispiel:

- Prüfen und Ergänzen von Kraftstoffen,
- Prüfen und Ergänzen von Ölen und Kühlflüssigkeiten,
- Prüfen und Ergänzen der Reifendrücke,
- Testen der Funktion aller Aggregate,
- Testen der Funktion der Pumpe (Trockensaugprüfung, Schließdruckprüfung),
- Prüfen der Funktion der elektrischen Verbraucher, der Batterien,
- Umstellen auf Winterbetrieb (zum Beispiel Entwässern von Pumpen).

2.5 Selbstkontrolle und Testfragen

(Lösungen siehe Seite 111)

1. Wer ist der Fahrzeugführer im Sinne der Feuerwehr-Dienstvorschriften?

a) Der Maschinist
b) Der Melder
c) Der Gruppen-, Staffel- oder Truppführer
d) Der Einsatzleiter
e) Der Leiter der Feuerwehr

2. Welche Aufgaben hat ein Maschinist während des Einsatzes?

a) Er richtet die Wasserentnahmestelle her.
b) Er schließt die ankommenden und abgehenden Schlauchleitungen an.
c) Er bedient die Pumpen.
d) Er unterstützt die Einsatzkräfte bei der Entnahme von Geräten.
e) Er kontrolliert den Verlauf der verlegten Druckschläuche.

3. Welche Tätigkeiten gehören zur Wiederherstellung der Einsatzbereitschaft nach der Rückkehr zum Feuerwehrhaus?

a) Das Wiederauffüllen der Löschmittelbehälter
b) Der Austausch verschmutzter oder nasser Druckschläuche
c) Der Austausch benutzter Atemschutzgeräte
d) Das Durchführen einer Hydrantenkontrolle

4. Wer ist für die Durchführung der Wartung und Pflege der Löschfahrzeuge zuständig?

a) Der Gerätewart
b) Der Maschinist
c) Der Leiter der Feuerwehr
d) Der Feuerwehrangehörige, dem diese Aufgabe übertragen wurde

3 Rechtsgrundlagen

Während ihrer Tätigkeiten unterliegen die Maschinisten den einschlägigen Vorschriften des Straßenverkehrsrechtes und der entsprechenden Unfallverhütungsvorschriften. Die Einhaltung dieser Vorschriften trägt dazu bei, dass bei Einsatzfahrten und sonstigen Tätigkeiten der Maschinisten einerseits ein sicheres und unfallfreies Arbeiten ermöglicht wird und andererseits die Aufgaben schnell und ohne Verzögerungen durchgeführt werden können.

3.1 Straßenverkehrsrecht

Um sicherzustellen, dass die Einsatzkräfte der Feuerwehr mit ihren Feuerwehrfahrzeugen ohne verkehrsbedingte Verzögerung schnellstmöglich zum Einsatzort fahren und dort auf öffentlichen Verkehrsflächen auch weitgehend ungestört tätig werden können, hat der Gesetzgeber den Feuerwehren, abweichend von dem für alle Verkehrsteilnehmer geltenden Gleichheitsgrundsatz, besondere Vorrechte im Straßenverkehr eingeräumt. Hierzu gehören die

- Sonder- und Wegerechte gemäß Straßenverkehrs-Ordnung und
- besondere Vorrechte gemäß Straßenverkehrs-Zulassungs-Ordnung.

Die Inanspruchnahme dieser Vorrechte ist eine Entscheidung, die einen erheblichen Eingriff in das üblicherweise vorgegebene Verhalten der Teilnehmer am Straßenverkehr darstellt. Daher ist es von besonderer Bedeutung, dass die Maschinisten diese Vorrechte kennen und vor allem richtig anwenden.

■ Straßenverkehrs-Ordnung (StVO)

Die Straßenverkehrs-Ordnung regelt das Verhalten aller am Straßenverkehr Beteiligten durch Verkehrsregeln, -zeichen und -einrichtungen. Ziel ist vor allem die ständige Vorsicht und gegenseitige Rücksichtnahme im Straßenverkehr. Jeder Verkehrsteilnehmer hat sich so zu verhalten, dass kein anderer Verkehrsteilnehmer geschädigt, gefährdet, behindert oder belästigt wird.

§ 35 StVO „Sonderrechte“

Die Feuerwehren können zur Erfüllung ihrer Aufgaben unter bestimmten Voraussetzungen Sonderrechte im Straßenverkehr in Anspruch nehmen.

§ 35 Sonderrechte

(1) Von den Vorschriften dieser Verordnung sind die Bundeswehr, die Bundespolizei, die Feuerwehr, der Katastrophenschutz, die Polizei und der Zolldienst befreit, soweit das zur Erfüllung hoheitlicher Aufgaben dringend geboten ist.

(5a) Fahrzeuge des Rettungsdienstes sind von den Vorschriften dieser Verordnung befreit, wenn höchste Eile geboten ist, um Menschenleben zu retten oder schwere gesundheitliche Schäden abzuwenden.

(8) Die Sonderrechte dürfen nur unter gebührender Berücksichtigung der öffentlichen Sicherheit und Ordnung ausgeübt werden.

Zu den **Feuerwehren** im Sinne des § 35 der Straßenverkehrs-Ordnung gehören alle Einheiten der öffentlichen Berufsfeuerwehren, Freiwilligen Feuerwehren und Pflichtfeuerwehren sowie der staatlich angeordneten oder anerkannten Werkfeuerwehren. Zu den **hoheitlichen Aufgaben** dieser Feuerwehren gehören alle vorgeschriebenen Aufgaben und Tätigkeiten, die in den Brandschutzgesetzen der Länder und den daraus abgeleiteten Verordnungen beschrieben sind. Hierzu gehören insbesondere die Bekämpfung von Schadenfeuern und die Hilfeleistung bei Unglücksfällen und Katastrophen. **Dringend geboten** ist das Abweichen von Vorschriften der Straßenverkehrs-Ordnung immer nur dann, wenn bei der Beachtung der Vorschriften – also der Nichtinanspruchnahme von Sonderrechten – die hoheitlichen Aufgaben nicht, nur unzureichend oder nicht schnell genug erfüllt werden können.

Hinweis: Kann die Feuerwehr ohne wesentliche Nachteile auch zu einem etwas späteren Zeitpunkt oder unter Beachtung der Verkehrsregeln tätig werden, dürfen keine Sonderrechte in Anspruch genommen werden.

Erst wenn davon auszugehen ist, dass es sich um eine hoheitliche Aufgabe der Feuerwehr handelt, zu deren Erfüllung die Nutzung von Sonderrechten dringend geboten ist, ist die Feuerwehr von **den Vorschriften der Straßenverkehrs-Ordnung befreit.** Diese Befreiung bedeutet, dass die Feuerwehr bestimmte Vorschriften nicht zu beachten oder zu befolgen hat. Dies gilt jedoch nur für die Vorschriften, die dem Einsatzzweck entgegenstehen. Alle anderen Vorschriften müssen weiterhin beachten werden.

Die Sonderrechte dürfen im Einsatzfall nur unter **gebührender Berücksichtigung der öffentlichen Sicherheit und Ordnung** ausgeübt werden. Durch diese Einschränkung soll die Beeinträchtigung des Straßenverkehrs so gering gehalten werden, wie es nach den Umständen möglich ist. Die öffentliche Sicherheit und Ordnung gebührend berücksichtigen heißt auch, dass keine Gefährdungen und Schädigungen verursacht werden dürfen.

Bundeswehr	Bundespolizei	Feuerwehr	Katastrophenschutz	Polizei	Zolldienst
⬇	⬇	⬇	⬇	⬇	⬇

sind von den Vorschriften der Straßenverkehrs-Ordnung befreit, soweit das zur

Erfüllung hoheitlicher Aufgaben

⬇

dringend geboten ist

Die Sonderrechte dürfen nur unter

gebührender Berücksichtigung der öffentlichen Sicherheit und Ordnung

ausgeübt werden.

Bei jedem Abweichen von den Verkehrsregeln müssen die Maschinisten die augenblickliche örtliche Verkehrslage berücksichtigen. Mehr noch: Je weniger die Verkehrsregeln beachtet werden, umso größer muss die Sorgfalt der Maschinisten bei der Einsatzfahrt sein.

§ 38 StVO „Blaues Blinklicht und gelbes Blinklicht"

Die Feuerwehren dürfen ihre Einsatzfahrzeuge gemäß Straßenverkehrs-Zulassungs-Ordnung mit blauem Blinklicht und Einsatzhorn ausrüsten, damit sie andere Verkehrsteilnehmer auf die Notwendigkeit eines schnellen Vorwärtskommens aufmerksam machen können.

§ 38 Blaues Blinklicht und gelbes Blinklicht

(1) Blaues Blinklicht zusammen mit dem Einsatzhorn darf nur verwendet werden, wenn höchste Eile geboten ist, um Menschenleben zu retten oder schwere gesundheitliche Schäden abzuwenden, eine Gefahr für die öffentliche Sicherheit oder Ordnung abzuwenden, flüchtige Personen zu verfolgen oder bedeutende Sachwerte zu erhalten. Es ordnet an: „Alle übrigen Verkehrsteilnehmer haben sofort freie Bahn zu schaffen".

(2) Blaues Blinklicht allein darf nur von den damit ausgerüsteten Fahrzeugen und nur zur Warnung an Unfall- oder sonstigen Einsatzstellen, bei Einsatzfahrten oder bei der Begleitung von Fahrzeugen oder von geschlossenen Verbänden verwendet werden.

(3) Gelbes Blinklicht warnt vor Gefahren. Es kann ...

Die Verpflichtung der Verkehrsteilnehmer, den Einsatzfahrzeugen der Feuerwehr **„... freie Bahn zu schaffen"**, wird als Wegerecht bezeichnet, auch wenn dieser Begriff in der Straßenverkehrs-Ordnung nicht verwendet wird!

Höchste Eile ist geboten, wenn bei der Beachtung aller Vorschriften – also der Nichtinanspruchnahme von Wegerechten – die hoheitlichen Aufgaben nicht, nur unzureichend oder nicht schnell genug erfüllt werden können. Die geforderten **Voraussetzungen**, zum Beispiel Retten von Menschen, Abwenden schwerer gesundheitlicher Schäden, Abwenden von Gefahren für die öffentliche Sicherheit und Ordnung und Erhalten bedeutender Sachwerte sind bei Einsätzen, zum Beispiel bei der Bekämpfung eines Schadenfeuers oder bei der Hilfeleistung nach einem Verkehrsunfall, durchweg erfüllt.

Der Maschinist muss immer, wenn er bei Fahrten nicht alle Verkehrsvorschriften befolgen kann, die Inanspruchnahme der Sonderrechte durch blaues Blinklicht **zusammen** mit dem Einsatzhorn anzeigen. Wird nur das blaue Blinklicht eingeschaltet, bleibt der Maschinist gegenüber anderen Verkehrsteilnehmern ohne Vorrechte.

Blaues Blinklicht zusammen mit dem Einsatzhorn

darf nur verwendet werden, wenn

höchste Eile geboten ist

um

Menschenleben zu retten	**schwere gesundheitliche Schäden abzuwenden**	**eine Gefahr für die öffentliche Sicherheit oder Ordnung abzuwenden**	**flüchtige Personen zu verfolgen**	**bedeutende Sachwerte zu erhalten**

Es ordnet an:

Alle übrigen Verkehrsteilnehmer

haben

sofort freie Bahn

zu schaffen.

Anwendung der „Sonder- und Wegerechte"

Die Entscheidung, ob bei einer Einsatzfahrt besondere Rechte in Anspruch zu nehmen sind, muss getroffen werden, bevor die tatsächliche Gefahrenlage und damit auch die Eilbedürftigkeit des Einsatzes klar erkannt werden kann. Der Inhalt der ersten Meldung ist deshalb Grundlage für diese Entscheidung. In der Regel entscheidet der Fahrzeugführer, das heißt, der Gruppen-, Staffel- oder Truppführer, ob der Maschinist die Einsatzfahrt unter Wahrnehmung besonderer Rechte durchführen soll. Von Bedeutung sind in diesem Zusammenhang auch die Leitstellen, da sie vor Beginn der Einsatzfahrt am besten über die jeweilige Lage informiert sind.

3.2 Unfallverhütungsvorschriften

Unfallverhütungsvorschriften sind Rechtsnormen, durch deren Einhaltung die Gefahr von Verletzungen und Gesundheitsschädigungen verringert oder ausgeschlossen werden kann. Gemeinden, Führungskräfte und alle Feuerwehrangehörigen sind verpflichtet, die Vorschriften genau zu befolgen.

3.2.1 Unfallverhütungsvorschrift Feuerwehren

Basis aller Unfallverhütungsmaßnahmen ist für die Feuerwehrangehörigen die DGUV Vorschrift 49 „Unfallverhütungsvorschrift Feuerwehren“. Diese Unfallverhütungsvorschrift gilt für Versicherte im ehrenamtlichen Feuerwehrdienst, einschließlich der Nutzung von Feuerwehreinrichtungen. In der DGUV Regel 105-049 „Feuerwehren“ werden die einzelnen Paragrafen der Unfallverhütungsvorschrift Feuerwehren veranschaulicht und näher erläutert (nachfolgend *kursiv* geschrieben).

§ 6 Persönliche Anforderungen und Eignung

(1) Die Unternehmerin oder der Unternehmer darf Feuerwehrangehörige nur für Tätigkeiten einsetzen, für die sie körperlich und geistig geeignet sowie fachlich befähigt sind. Bestehen konkrete Anhaltspunkte, aus denen sich Zweifel an der körperlichen oder geistigen Eignung von Feuerwehrangehörigen für die vorgesehene Tätigkeit ergeben, so hat sich die Unternehmerin oder der Unternehmer die Eignung ärztlich bestätigen zu lassen.

Die unterschiedlichen Aufgaben, Tätigkeiten und Funktionen in der Feuerwehr setzen das Vorhandensein entsprechender körperlicher und geistiger Eignungen sowie spezifische fachliche Befähigungen voraus. Die fachlichen Voraussetzungen erfüllt, wer für die jeweiligen Aufgaben ausgebildet ist und seine Kenntnisse durch regelmäßige Übungen und erforderlichenfalls durch zusätzliche Aus- und Fortbildung erweitert. Dies gilt unter anderem auch für Maschinisten.

(2) Feuerwehrangehörige, die unter Einsatzbedingungen – insbesondere bei Gefahren für Leib oder Leben Dritter – im Feuerwehrdienst eingesetzt werden, müssen ihnen bekannte aktuelle oder dauerhafte Einschränkungen ihrer gesundheitlichen Eignung der Unternehmerin oder dem Unternehmer beziehungsweise der zuständigen Führungskraft unverzüglich und eigenverantwortlich melden.

Eine uneingeschränkte Eignung ist von besonderer Bedeutung unter anderem für Fahrer von Feuerwehrfahrzeugen. Sie beeinflusst unter anderem die Sicherheit der im Feuerwehrfahrzeug Mitfahrenden, die Sicherheit anderer Verkehrsteilnehmer und nicht zuletzt die eigene Sicherheit. Einschränkungen liegen zum Beispiel vor bei Krankschreibung, bei Einnahme berauschender oder die Fahrtüchtigkeit beeinträchtigender Mittel oder Medikamente, Herz-Kreislauf-Problemen, Unwohlsein.

§ 8 Unterweisungen

(2) Feuerwehrangehörige sind regelmäßig über die Inanspruchnahme von Sonderrechten im Straßenverkehr zu unterweisen.

Unter den Voraussetzungen des § 35 Straßenverkehrs-Ordnung (StVO) kann die Feuerwehr Sonderrechte in Anspruch nehmen. Über die Inanspruchnahme von Sonderrechten sind Feuerwehrangehörige zu unterweisen. Sonderrechte dürfen nur unter gebührender Berücksichtigung der öffentlichen Sicherheit und Ordnung ausgeübt werden.

§ 11 Prüfungen

(5) Stellt eine Feuerwehrangehörige oder ein Feuerwehrangehöriger Schäden oder Mängel an Ausrüstungen, Feuerwehrfahrzeugen, Geräten oder persönlichen Schutzausrüstungen fest oder zweifelt an deren Funktionsfähigkeit, hat sie oder er dies unverzüglich der zuständigen Führungskraft zu melden.

§ 15 Verhalten im Feuerwehrdienst

(1) Im Feuerwehrdienst dürfen nur Maßnahmen getroffen werden, die ein sicheres Tätigwerden der Feuerwehrangehörigen ermöglichen. Dabei müssen insbesondere bei Einsätzen und Übungen sich ändernde Bedingungen berücksichtigt werden. Im Einzelfall kann bei Einsätzen unter Beachtung des Eigenschutzes zur Rettung von Personen aus Lebensgefahr von den Bestimmungen der Unfallverhütungsvorschriften abgewichen werden.

Einem sicheren Tätigwerden dient zum Beispiel, wenn Verbrennungsmotoren so betrieben werden, dass Feuerwehrangehörige nicht durch Abgase gefährdet werden und wenn schwere Geräte von mindestens so vielen Personen getragen werden, dass eine Überbeanspruchung der einzelnen Person vermieden wird.

(3) Feuerwehrangehörige, die am Einsatzort durch den Straßenverkehr gefährdet sind, müssen hiergegen durch geeignete Maßnahmen geschützt werden.

Geeignete Maßnahmen können Absperr- und Warnmaßnahmen sein. Absperrmaßnahmen können zum Beispiel sein: Verkehrsleitkegel, geeignete Fahrzeugaufstellung, Straßensperrung, Verkehrssicherungsanhänger. Warnmaßnahmen können zum Beispiel sein: das Tragen von Feuerwehrschutzkleidung mit ausreichender Warnwirkung oder Warnkleidung, die Kennzeichnung durch Schilder und Signalgeräte, blaues Blinklicht oder Heckwarnanlage.

§ 19 Betrieb von Feuerwehrfahrzeugen

(1) Beim Betrieb von Feuerwehrfahrzeugen dürfen Feuerwehrangehörige nicht gefährdet werden.

Für den sicheren Betrieb von Feuerwehrfahrzeugen sind insbesondere die Straßenverkehrs-Ordnung (StVO), die Straßenverkehrs-Zulassungs-Ordnung (StVZO) und die DGUV Vorschrift 70 „Unfallverhütungsvorschrift

Fahrzeuge" zu beachten. Gefährdungen beim Verladen, Transportieren und Entladen können zum Beispiel vermieden werden, wenn Auszüge und Klappen unmittelbar nach der Geräteentnahme geschlossen beziehungsweise eingeschoben werden, die Ladung so verlastet und gesichert wird, dass sie sich insbesondere auch während der Fahrt nicht unbeabsichtigt bewegt und wenn Sicherheitsgurte benutzt werden.

(2) Feuerwehrfahrzeuge dürfen nur von Personen ab dem vollendeten 18. Lebensjahr geführt werden, die ihre Befähigung hierzu gegenüber der Unternehmerin oder dem Unternehmer nachgewiesen haben, im Umgang mit diesen unterwiesen sind, und dafür bestimmt wurden.

Zur Befähigung gehört eine Fahrerlaubnis entsprechend der Fahrzeugklasse unter Berücksichtigung landesrechtlicher Regelungen. Das Vorhandensein des gültigen Führerscheins von Einsatzkräften mit Fahraufgaben ist regelmäßig (halbjährlich) zu überprüfen. Feuerwehrangehörige, die für das Fahren von Feuerwehrfahrzeugen bestimmt sind, haben bei Verlust der notwendigen Fahrerlaubnis die Unternehmerin oder den Unternehmer hierüber zu informieren. Zur Unterweisung gehören die Einweisung und regelmäßige Fahrten mit den Feuerwehrfahrzeugen. Für das Fahren bestimmt sein heißt, es sollte schriftlich festgelegt sein, wer welches Fahrzeug führen darf.

(3) Feuerwehrangehörige sind regelmäßig besonders zu unterweisen, wenn sie Feuerwehrfahrzeuge unter Verwendung von blauem Blinklicht und Einsatzhorn führen.

Zu dieser Unterweisung gehört insbesondere das Verhalten im Straßenverkehr unter Benutzung von Blaulicht und Einsatzhorn.

3.2.2 Unfallverhütungsvorschrift Fahrzeuge

Für die Feuerwehren gelten auch andere, für einzelnen Tätigkeiten zutreffende Vorschriften und Regeln, insbesondere die DGUV Vorschrift 70 „Unfallverhütungsvorschrift Fahrzeuge".

§ 35 Fahrzeugführer

(1) Der Unternehmer darf mit dem selbstständigen Führen von maschinell angetriebenen Fahrzeugen nur Versicherte beschäftigen, die das 18. Lebensjahr vollendet haben, die körperlich und geistig geeignet sind, die im Führen des Fahrzeuges unterwiesen sind und ihre Befähigung hierzu gegenüber dem Unternehmer nachgewiesen haben und von denen zu erwarten ist, dass sie die ihnen übertragenen Aufgaben zuverlässig erfüllen. Sie müssen vom Unternehmer zum Führen des Fahrzeuges bestimmt sein.

Versicherte sind körperlich und geistig geeignet, wenn sie durch ihre Vorbildung, Kenntnisse, Berufserfahrung und persönliche Eigenschaften (zum Beispiel Seh- und Hörvermögen, Zuverlässigkeit) zum Führen des Fahrzeuges befähigt sind. Es ist zweckmäßig, den Auftrag zum Führen des Fahrzeuges schriftlich zu erteilen.

§ 36 Zustandskontrolle, Mängel an Fahrzeugen

(1) Der Fahrzeugführer hat vor Beginn jeder Arbeitsschicht die Wirksamkeit der Betätigungs- und Sicherheitseinrichtungen zu prüfen und während der Arbeitsschicht den Zustand des Fahrzeuges auf augenfällige Mängel hin zu beobachten.

(2) Der Fahrzeugführer hat festgestellte Mängel dem zuständigen Aufsicht Führenden, bei Wechsel des Fahrzeugführers auch dem Ablöser, mitzuteilen. Bei Mängeln, die die Betriebssicherheit gefährden, hat der Fahrzeugführer den Betrieb einzustellen.

Anmerkung: Da diese Prüfungen und Zustandskontrollen vor Einsatzfahrten der Feuerwehr zeitbedingt nicht im vollen Umfang möglich sind, ist die Wirksamkeit der Betätigungs- und Sicherheitseinrichtungen unbedingt nach jeder Fahrt zu prüfen (**„Nach der Fahrt ist vor der Fahrt!“**). Bei sonstigen Fahrten mit Feuerwehrfahrzeugen (Dienstfahrten, Übungsfahrten, ...) ist jedoch entsprechend den Vorgaben des § 36 zu verfahren.

§ 46 Rückwärtsfahren und Einweisen

(1) Der Fahrzeugführer darf nur rückwärtsfahren oder zurücksetzen, wenn sichergestellt ist, dass Versicherte nicht gefährdet werden; kann dies nicht sichergestellt werden, hat er sich durch einen Einweiser einweisen zu lassen.

Das Rückwärtsfahren und das Zurücksetzen (zum Beispiel beim Wenden) stellen so gefährliche Verkehrsvorgänge dar, dass diese nach Möglichkeit vermieden werden sollten. Kann darauf nicht verzichtet werden, sind besondere Sicherheitsmaßnahmen zu treffen. Einweiser ist, wer einem Fahrzeugführer bei Sichteinschränkung Zeichen gibt, damit Versicherte durch Fahrbewegungen nicht gefährdet werden. Er muss ausreichend Kenntnisse haben, um die Verkehrsvorgänge beurteilen zu können.

(2) Einweiser dürfen sich nur im Sichtbereich des Fahrzeugführers und nicht zwischen dem sich bewegenden Fahrzeug und in dessen Bewegungsrichtung befindlichen Hindernissen aufhalten; sie dürfen während des Einweisens keine anderen Tätigkeiten ausführen.

Diese Forderung beinhaltet, dass der Fahrzeugführer das Fahrzeug sofort anzuhalten hat, wenn sich der Einweiser nicht mehr in seinem Sichtbereich befindet. Hindernisse sind zum Beispiel Gebäudeteile, Fahrzeuge, Gruben, Materialstapel.

3.3 Fahrten im geschlossenen Verband

Fahrten im geschlossenen Verband – im Bereich der Feuerwehr auch als „Kfz-Marsch“ bezeichnet – sind geordnete und einheitlich geführte Fahrten von Einsatzfahrzeugen größerer taktischer Einheiten (Bereitschaften, Verbände, Züge). Diese Einheiten sollen dadurch zu einer festgelegten Zeit vollständig und im einsatzfähigen Zustand einen weiter entfernten Bereitstellungsraum erreichen.

Für die meisten Maschinisten sind Fahrten im geschlossenen Verband besondere Verkehrssituationen, da die Einhaltung der jeweiligen Regelungen (Fahrgeschwindigkeit, Abstand, ...) gewöhnungsbedürftig ist und auch eine ganz andere Fahrweise als bei den sonst üblichen Einsatzfahrten der Feuerwehr erfordert.

3.3.1 Straßenverkehrs-Ordnung (StVO)

Die Straßenverkehrs-Ordnung enthält verschiedene Vorschriften für Fahrten im geschlossenen Verband. Im § 27 **„Verbände"** ist unter anderem festgelegt, dass auch für Fahrten im geschlossenen Verband die für den übrigen Verkehr einheitlich bestehenden Verkehrsregeln und Anordnungen sinngemäß gelten. Geschlossen ist ein Verband, wenn er für die übrigen Verkehrsteilnehmer als Zusammenfassung zueinander gehörender Fahrzeuge deutlich erkennbar ist. Ein geschlossener Verband nimmt mit seinen Fahrzeugen die Straßen stets mehr als verkehrsüblich in Anspruch und schränkt durch die Fahrweise den übrigen Verkehr ein. Deshalb ist in § 29 **„Übermäßige Straßenbenutzung"** festgelegt, dass Fahrten im geschlossenen Verband einer Erlaubnis bedürfen. Im § 38 **„Blaues Blinklicht und gelbes Blinklicht"** ist festgelegt, dass bei Fahrten im geschlossenen Verband blaues Blinklicht allein – ohne Einsatzhorn – verwendet werden darf.

3.3.2 Merkmale eines geschlossenen Verbandes

Ein geschlossener Verband besteht in der Regel aus mindestens 3 bis maximal 30 Fahrzeugen. Diese Fahrzeuge fahren in die gleiche Richtung, mit annähernd gleicher Geschwindigkeit, mit annähernd gleichem Abstand zwischen den Fahrzeugen und – bei größeren geschlossenen Verbänden – mit Zwischenräumen, die für die übrigen Verkehrsteilnehmer freigelassen werden müssen. Jedes Fahrzeug muss gekennzeichnet sein, zum Beispiel durch farblich unterschiedliche Flaggen an allen Fahrzeugen, durch Einschalten des Abblendlichtes an allen Fahrzeugen (auch am Tag) und durch die Verwendung von blauem Blinklicht mindestens am ersten Fahrzeug.

3.3.3 Beginn der Fahrt

Fahrten im geschlossenen Verband müssen sorgfältig geplant und vorbereitet werden. Dazu gehören die Planung des Fahrweges und die rechtzeitige Unterrichtung der Einsatzkräfte, die über den Ausgangspunkt der Fahrt (Ablaufpunkt), den voraussichtlichen Beginn der Fahrt (Ablaufzeit) und über sonstige Besonderheiten informiert werden. Alle vorgesehenen Fahrzeuge treffen sich am festgelegten Ablaufpunkt. Dort wird allen Teilnehmern ein Fahrbefehl bekannt gegeben. Dieser enthält alle Einzelheiten für die Durchführung der Fahrt, zum Beispiel die Reihenfolge der Fahrzeuge, das Ziel der Fahrt, die Fahrstrecke, die Maßnahmen zur Verkehrsregelung, die Versorgung und die Kommunikation. Die Fahrt beginnt dann zur befohlenen Ablaufzeit.

3.3.4 Durchführung der Fahrt

Fahrten im geschlossenen Verband werden mit einer gleichbleibenden Fahrgeschwindigkeit und unter Einhaltung von festgelegten Abständen zwischen den Fahrzeugen durchgeführt. Zu festgelegten Zeiten und an festgelegten Orten werden Pausen eingelegt.

Die **Fahrgeschwindigkeit** eines geschlossenen Verbandes liegt in der Regel innerhalb geschlossener Ortschaften zwischen 30 und 45 Kilometer pro Stunde und außerhalb geschlossener Ortschaften zwischen 60 und 70 Kilometer pro Stunde. Durch Verkehrszeichen vorgegebene maximale Höchstgeschwindigkeiten oder Mindestgeschwindigkeiten im Streckenverlauf sind auch von einem geschlossenen Verband zu beachten.

Der **Abstand** zwischen den Fahrzeugen in einem geschlossenen Verband richtet sich nach der vorgegebenen Fahrgeschwindigkeit. Der Abstand beträgt bei Geschwindigkeiten von bis zu 50 Kilometer pro Stunde etwa 50 Meter und über 50 Kilometer pro Stunde etwa 100 Meter. Innerhalb geschlossener Ortschaften ist ein Fahrzeugabstand von 10 bis 25 Meter einzuhalten, außerhalb geschlossener Ortschaften ein Fahrzeugabstand von mindestens 50 Meter und auf Kraftfahrzeugstraßen und Autobahnen ein Fahrzeugabstand von mindestens 100 Meter.

Bei schlechten Sichtverhältnissen oder in besonderen Verkehrslagen kann der Abstand auf mindestens 25 Meter und innerörtlich gegebenenfalls auch auf eine Fahrzeuglänge zum vorausfahrenden Fahrzeug verkürzt werden.

Bei den **Pausen** wird zwischen den Technischen Halten und den Rasten unterschieden. Technische Halte dienen zur Überprüfung der Fahrzeuge, zum Nachfüllen von Betriebsstoffen, zur Erholung der Fahrer beziehungsweise zum Fahrerwechsel und gegebenenfalls zur Beseitigung leichter Schäden. Sie werden nach einer Fahrzeit von etwa zwei Stunden eingelegt und dauern etwa 20 bis 30 Minuten. Rasten dienen bei längeren Fahrten als Ruhepause für die Fahrer und die übrigen Einsatzkräfte, zur Ausgabe von Verpflegung und gegebenenfalls auch als Technischer Halt zur Überprüfung der Fahrzeuge. Rasten sind nach einer Fahrzeit von etwa 5 bis 6 Stunden einzulegen und sollten etwa 2 bis 3 Stunden dauern.

Bei **Stockungen** auf der Straße müssen die vorgegebenen Abstände zwischen den Fahrzeugen möglichst weiter eingehalten werden. Der geschlossene Verband wird unverzüglich und ohne besonderen Befehl vorne und hinten abgesichert, bei längeren Verbänden oder entsprechenden Verkehrssituationen auch dazwischen.

Ausfallende Fahrzeuge scheren aus dem Verband aus und halten an einer geeigneten Stelle möglichst außerhalb der Fahrbahn am rechten Straßenrand, damit der nachfolgende Verkehr nicht unnötig behindert wird. Das Warnblicklicht ist sofort einzuschalten und die vorgeschriebenen Sicherungsmittel aufzustellen. Der Ausfall eines Fahrzeuges ist sofort dem Führer des Verbandes zu melden. Alle anderen Fahrzeuge des Verbandes überholen das ausgefallene Fahrzeug, damit der Verband nicht unterbrochen wird.

Das **Ende der Fahrt** eines geschlossenen Verbandes ist das Erreichen des Bereitstellungsraumes (Auslaufpunkt). Dort wird der Verband unter Umständen auch aufgelöst beziehungsweise – je nach taktischen Erfordernissen – neu zusammengestellt.

3.4 Selbstkontrolle und Testfragen

(Lösungen siehe Seite 111)

1. Welche Situationen können eine Abweichung von Vorschriften der Straßenverkehrs-Ordnung rechtfertigen?

a) Die Rettung von Menschen aus lebensbedrohenden Lagen
b) Die Erfüllung hoheitlicher Aufgaben
c) Ein Einsatz, bei dem höchste Eile geboten ist
d) Ein Einsatz zur sicheren Brandverhütung (Brandsicherheitsdienst)

2. Wann dürfen bei einer Einsatzfahrt mit einem Löschfahrzeug Sonderrechte in Anspruch genommen werden?

a) Bei jedem Einsatz der Feuerwehr
b) Wenn es zur Erfüllung hoheitlicher Aufgaben dringend geboten ist
c) Wenn der Maschinist im Besitz einer Sondergenehmigung ist
d) Wenn es in einer Dienstanweisung geregelt ist

3. In welchen Situationen darf das blaue Blinklicht zusammen mit dem Einsatzhorn verwendet werden?

a) Wenn höchste Eile geboten ist
b) Wenn Menschenleben gerettet werden müssen
c) Wenn Gefahr für die öffentliche Sicherheit oder Ordnung besteht
d) Wenn bedeutende Sachwerte erhalten werden müssen

4. Wann müssen alle übrigen Verkehrsteilnehmer sofort freie Bahn schaffen?

a) Wenn der Maschinist sie dazu auffordert
b) Wenn das blaue Blinklicht zusammen mit dem Einsatzhorn verwendet wird
c) Wenn ein Feuerwehrfahrzeug mit eingeschaltetem blauem Blinklicht wahrgenommen wird

5. Welche Aussagen über Unfallverhütungsvorschriften sind richtig?

a) Unfallverhütungsvorschriften sind Rechtsnormen.
b) Unfallverhütungsvorschriften sind Empfehlungen.
c) Unfallverhütungsvorschriften sind interne Weisungen.
d) Feuerwehrangehörige sind verpflichtet, die jeweiligen Unfallverhütungsvorschriften genau zu befolgen.

6. Welche Maßnahmen gegen Gefährdungen durch Straßenverkehr sind am Einsatzort zu treffen?

a) Umleitung des Straßenverkehrs
b) Tragen von Feuerwehrschutzkleidung mit ausreichender Warnwirkung
c) Absperr- und Warnmaßnahmen
d) Kennzeichnung durch Schilder und Signalgeräte

7. Welche Anforderungen werden gemäß DGUV Vorschrift 70 an einen Fahrzeugführer (Maschinisten) gestellt?

a) Er muss körperlich und geistig geeignet sein.
b) Er muss im Führen des Fahrzeuges unterwiesen sein.
c) Er muss das 21. Lebensjahr vollendet haben.
d) Er muss die ihm übertragenen Aufgaben zuverlässig erfüllen.

8. Welche Merkmale kennzeichnen einen geschlossenen Verband?

a) Eine gleichbleibende Fahrgeschwindigkeit
b) Die Einhaltung von festgelegten Abständen
c) Die Kennzeichnung der Fahrzeuge mit farblich Flaggen
d) Die Verwendung von blauem Blinklicht zusammen mit dem Einsatzhorn

4 Löschfahrzeuge

Löschfahrzeuge sind Feuerwehrfahrzeuge, die mit einer Feuerlöschkreiselpumpe und im Regelfall mit einem Löschwasserbehälter und anderen zusätzlichen Geräten für die Brandbekämpfung ausgerüstet sind. Sie werden zur Brandbekämpfung, zur Wasserförderung sowie zur Durchführung technischer Hilfeleistungen kleineren Umfangs verwendet.

Löschfahrzeuge

Klein-lösch-fahrzeuge	Tragkraft-spritzen-fahrzeuge	Mittlere Lösch-fahrzeuge	Lösch-gruppen-fahrzeuge	Tank-lösch-fahrzeuge
KLF	TSF TSF-W	MLF	LF 10 HLF 10 LF 20 HLF 20 LF 20 KatS	TLF 2000 TLF 3000 TLF 4000

Löschfahrzeuge werden durch Kurzzeichen gekennzeichnet. Die Buchstaben bezeichnen die Art des Fahrzeuges, die Zahlenkombination gibt Hinweise auf die Pumpenleistung beziehungsweise das mitgeführte Löschwasser.

4.1 Anforderungen an Feuerwehrfahrzeuge

Die DIN EN 1846-2 „Feuerwehrfahrzeuge – Allgemeine Anforderungen, Sicherheit und Leistung“ legt die Mindestanforderungen für Feuerwehrfahrzeuge fest. Ein besonderer Schwerpunkt dieser Norm ist die Beschreibung der bei Feuerwehrfahrzeugen auftretenden Gefährdungen, der Sicherheitsanforderungen und -maßnahmen und der anzuwendenden Prüfverfahren zur Vermeidung von Unfällen beim Umgang mit den Fahrzeugen.

■ Begriffe gemäß DIN EN 1846-2

Die **Leermasse** ist die Masse des betriebsfertigen Fahrzeuges einschließlich der Masse des Fahrers (75 Kilogramm) und der Masse aller fest angebauten Einrichtungen, zum Beispiel Stromerzeuger oder maschinelle Zugeinrichtung, einschließlich der gefüllten Kühlwasser-, Öl- und Kraftstoffbehälter.

Die **Gesamtmasse** (**GM**) ist die Leermasse zuzüglich der Masse für die vorgesehene Mannschaft (je 90 Kilogramm), der Masse der Löschmittel und der weiteren zu befördernden Einsatzausrüstungen.

Die **zulässige Gesamtmasse** (**zGM**) ist die vom Hersteller des Fahrgestells angegebene höchste zugelassene Gesamtmasse.

Die **Fahrzeuglänge** ist die Länge des Fahrzeuges über alles, einschließlich Stoßfänger und anderer fest angebauter Teile.

Die **Fahrzeugbreite** ist die Breite des Fahrzeuges über alles, einschließlich Türgriffe, Kotflügel und ähnlich, jedoch außer Rückspiegel.

Die **Fahrzeughöhe** ist die Höhe des belasteten Fahrzeuges, gemessen von der Standebene bis zum höchsten Punkt des Fahrzeuges.

Der **Radstand** ist der Abstand zwischen den Radmitten der Vorder- und Hinterräder.

Die **Bodenfreiheit** ist der senkrechte Abstand des bis zur Gesamtmasse beladenen Fahrzeuges zwischen der Standebene und dem tiefsten festen Punkt des Fahrzeuges (außer den Achsen).

Die **Bodenfreiheit unter der Achse** ist der senkrechte Abstand des bis zur Gesamtmasse beladenen Fahrzeuges zwischen der Standebene und dem tiefsten festen Punkt der Achse des Fahrzeuges.

Der **Wendekreis** ist der Durchmesser des kleinsten gedachten Zylinders, in dem das Fahrzeug bei größtem Lenkeinschlag wenden kann.

Der **vordere Überhangwinkel** ist der Winkel zwischen der Standebene und einer Ebene, die den Umfang des Vorderreifens vor der ersten Achse und den äußersten, tiefsten festen Punkt des Fahrzeuges berührt.

Der **hintere Überhangwinkel** ist der Winkel zwischen der Standebene und einer Ebene, die den Umfang des Hinterreifens hinter der letzten Achse und den äußersten, tiefsten festen Punkt des Fahrzeuges berührt.

Der **Rampenwinkel** ist der kleinste Winkel zwischen den Ebenen, die den Umfang der Vorder- und Hinterräder und den tiefsten festen Punkt an der Unterseite des Fahrzeuges berühren. Dieser Winkel bestimmt das höchste Hindernis, welches von dem Fahrzeug überfahren werden kann.

Der **statische Kippwinkel** ist der Winkel zwischen einer waagerechten Ebene und der Standebene, bei dem das um seine Längsachse gekippte Fahrzeug seine Stabilität verliert. Wenn das oberste, außen liegende Rad des mit der Gesamtmasse belastenden Fahrzeuges den Kontakt mit der Standebene verliert, ist der Stabilitätsverlust erreicht.

Die **Verschränkungsfähigkeit** ist der Zustand, bei dem das Fahrzeug noch funktionsfähig bleibt und es keine unabsichtlichen Beeinflussungen zwischen Fahrzeugteilen, Fahrerhaus oder Karosserie gibt, wenn das Fahrzeug gleichzeitig auf zwei Auffahrblöcke gefahren wird, die diagonal auf der Standebene angeordnet sind (mit je einem Vorder- und einem Hinterrad).

Die **Steigfähigkeit** ist der Zustand, bei dem das mit der Gesamtmasse belastete Fahrzeug auf einer Steigung oder einem Gefälle noch anfahren und anhalten kann.

Der **Bedienstand** ist die Stelle am Fahrzeug, an der sich Feuerwehrpersonal aufhält, um die fest am Fahrzeug angebauten Ausrüstungen zu bedienen.

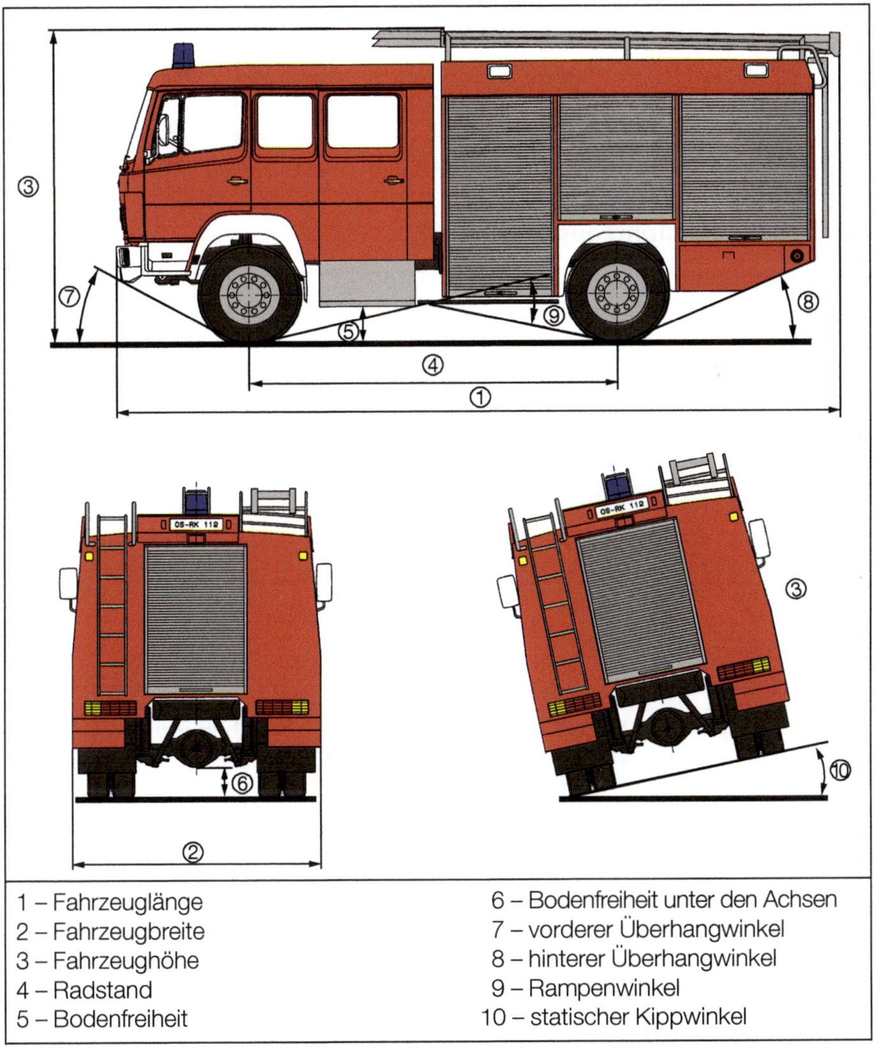

1 – Fahrzeuglänge	6 – Bodenfreiheit unter den Achsen
2 – Fahrzeugbreite	7 – vorderer Überhangwinkel
3 – Fahrzeughöhe	8 – hinterer Überhangwinkel
4 – Radstand	9 – Rampenwinkel
5 – Bodenfreiheit	10 – statischer Kippwinkel

Abbildung 2: Begriffe an Feuerwehrfahrzeugen (Quelle: Schlingmann GmbH & Co. KG, Dissen)

4.2 Ausführungen der Löschfahrzeuge

Nachstehend werden die genormten Ausführungen der Löschfahrzeuge erläutert. Neben diesen Fahrzeugen werden in den Feuerwehren aber auch nicht mehr genormte Löschfahrzeuge, Sonderlöschfahrzeuge sowie Löschfahrzeuge gemäß Länderrichtlinien vorgehalten und verwendet.

4.2.1 Kleinlöschfahrzeug KLF

Das Kleinlöschfahrzeug KLF gemäß DIN 14530 wird überwiegend zur Brandbekämpfung verwendet, vor allem zur Einleitung erster Brandbekämpfungsmaßnahmen oder zur Bekämpfung von Kleinbränden. Die Besatzung besteht aus einer Staffel (1/5). Zusammen mit der zu einer Gruppe ergänzten Besatzung bildet dieses Löschfahrzeug eine selbstständige taktische Einheit.

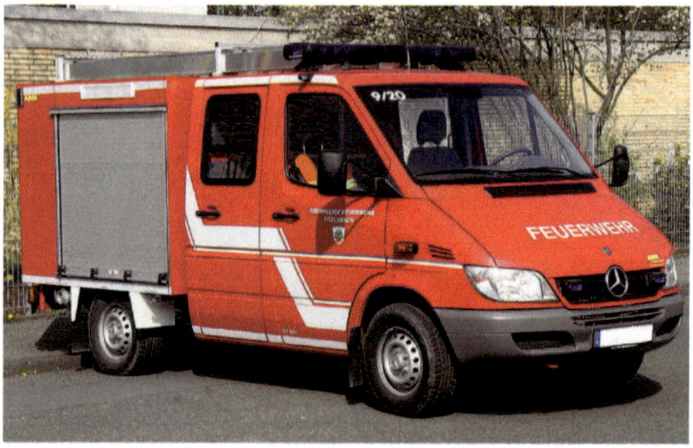

Abbildung 3:
Kleinlöschfahrzeug KLF
(Quelle: Uwe Bunzel, Frankfurt/Main)

Für Kleinlöschfahrzeuge KLF werden Fahrgestelle mit Doppelkabine, abgesetztem Kofferaufbau und Straßenantrieb verwendet. Die Gesamtmasse ist auf maximal 4.750 Kilogramm begrenzt. Der eingebaute Löschwasserbehälter hat einen Inhalt von mindestens 500 Liter. Im hinteren Geräteraum ist eine Tragkraftspritze PFPN 10-1000 eingeschoben und über den A-Sauganschluss am Löschwasserbehälter angekuppelt. Im hinteren rechten Geräteraum ist eine Einrichtung zur schnellen Wasserabgabe mit zwei an die Tragkraftspritze anschließbaren und in Buchten gelagerten C- oder D-Druckschläuchen mit angekuppeltem Hohlstrahlrohr gelagert.

Die feuerwehrtechnische Beladung besteht aus einer Standardbeladung und aus bestimmten Zusatzbeladungssätzen (Kettensäge, Strom, Beleuchtung, Schaum, ...) oder anderen örtlichen Zusatzbeladungen.

4.2.2 Tragkraftspritzenfahrzeuge

Tragkraftspritzenfahrzeuge werden überwiegend zur Brandbekämpfung verwendet. Die Besatzung besteht aus einer Staffel (1/5). Die mitgeführte feuerwehrtechnische Beladung ist für den Einsatz einer Gruppe (1/8) ausgelegt. Zusammen mit der zu einer Gruppe ergänzten Besatzung bilden diese Löschfahrzeuge eine selbstständige taktische Einheit.

■ Tragkraftspritzenfahrzeug TSF

Für Tragkraftspritzenfahrzeuge TSF gemäß DIN 14530-16 werden Fahrgestelle mit Doppelkabine, abgesetztem Kofferaufbau und Straßenantrieb verwendet. Die Gesamtmasse ist auf maximal 4.750 Kilogramm begrenzt.

Abbildung 4: Tragkraftspritzenfahrzeug TSF (Quelle: COMPOINT GmbH & Co. KG, Forchheim)

Im hinteren Geräteraum ist eine Tragkraftspritze PFPN 10-1000 eingeschoben, die für die Verwendung aus dem Fahrzeug entnommen und abgesetzt vom Fahrzeug betrieben wird. Die Beladung besteht aus einer Standardbeladung.

■ Tragkraftspritzenfahrzeug TSF-W

Für Tragkraftspritzenfahrzeuge TSF-W werden Fahrgestelle mit Doppelkabine, abgesetztem Kofferaufbau und Straßenantrieb verwendet. Die Gesamtmasse ist auf maximal 7.500 Kilogramm begrenzt. Der eingebaute Löschwasserbehälter hat einen Inhalt von mindestens 500 Liter oder maximal 750 Liter.

Abbildung 5: Tragkraftspritzenfahrzeug TSF-W (Quelle: Schlingmann GmbH & Co. KG, Dissen)

Im hinteren Geräteraum ist eine Tragkraftspritze PFPN 10-1000 eingeschoben und über den A-Sauganschluss am Löschwasserbehälter angekuppelt. Im hinteren rechten Geräteraum ist eine Einrichtung zur schnellen Wasserabgabe mit zwei an die Tragkraftspritze anschließbare und in Buchten gelagerte C- oder D-Druckschläuche oder eine Schnellangriffseinrichtung (Wasser) mit einer Schlauchhaspel mit einem formbeständigem Druckschlauch DN 25 oder DN 33, jeweils mit angekuppeltem Hohlstrahlrohr, gelagert. Die feuerwehrtechnische Beladung besteht aus Standardbeladung und aus bestimmten Zusatzbeladungssätzen (Kettensäge, Strom, Beleuchtung, …) oder anderen örtlichen Zusatzbeladungen.

4.2.3 Mittleres Löschfahrzeug MLF

Das Mittlere Löschfahrzeug MLF gemäß DIN 14530-25 wird überwiegend zur Brandbekämpfung verwendet. Die Besatzung besteht aus einer Staffel (1/5).

Die feuerwehrtechnische Beladung ist für den Einsatz einer Gruppe (1/8) ausgelegt. Zusammen mit einer auf eine Gruppe ergänzten Besatzung bildet dieses Löschfahrzeug eine selbstständige taktische Einheit.

Abbildung 6: Mittleres Löschfahrzeug MLF (Quelle: Schlingmann GmbH & Co. KG, Dissen)

Für Mittlere Löschfahrzeuge MLF werden Fahrgestelle mit Doppelkabine, abgesetztem Kofferaufbau, vorrangig mit Straßenantrieb oder mit Allradantrieb verwendet. Die Gesamtmasse ist auf maximal 7.500 Kilogramm oder maximal 9.000 Kilogramm begrenzt. Der eingebaute Löschwasserbehälter hat einen Inhalt von mindestens 600 Liter oder bei einsatztaktischen Gründen und vorhandener Massenreserve von maximal 1.000 Liter. Im hinteren Geräteraum ist eine vom Fahrzeugmotor angetriebene Feuerlöschkreiselpumpe FPN 10-1000, mit einem A-Sauganschluss und mindestens zwei absperrbaren B-Druckabgängen eingebaut. Im hinteren rechten Geräteraum ist eine Einrichtung zur schnellen Wasserabgabe mit zwei an die Feuerlöschkreiselpumpe anschließbaren und in Buchten gelagerten C- oder D-Druckschläuche oder eine Schnellangriffseinrichtung (Wasser) mit einer Schlauchhaspel mit einem formbeständigem Druckschlauch DN 25 oder DN 33, jeweils mit angekuppeltem Hohlstrahlrohr gelagert. Die feuerwehrtechnische Beladung besteht aus einer Standardbeladung und aus bestimmten Zusatzbeladungssätzen (Kettensäge, Strom, Beleuchtung, Schaum ...) oder anderen örtlichen Zusatzbeladungen.

4.2.4 Löschgruppenfahrzeuge

Löschgruppenfahrzeuge werden aufgrund ihrer Ausstattung überwiegend zur Brandbekämpfung, zur Förderung von Wasser und zur Durchführung einfacher technischer Hilfeleistungen verwendet. Sie bilden mit ihrer Besatzung (Gruppe 1/8) eine selbstständige taktische Einheit. Hilfeleistungs-Löschgruppenfahrzeuge verfügen über eine erweiterte Beladung für technische Hilfeleistungen (hydraulische Rettungsgeräte, ...) bei gleichzeitig verringertem Inhalt des Löschwasserbehälters. Das Löschgruppenfahrzeug LF 20 KatS für den Katastrophenschutz ist mit den zusätzlich verlasteten B-Druckschläuchen und den beiden Feuerlöschkreiselpumpen besonders für die Förderung von Wasser in Bereichen mit unzureichender oder unterbrochener Löschwasserversorgung geeignet.

■ Löschgruppenfahrzeug LF 10 und HLF 10

Für Löschgruppenfahrzeuge LF 10 gemäß DIN 14530-5 beziehungsweise Hilfeleistungs-Löschgruppenfahrzeuge HLF 10 gemäß DIN 14530-26 werden Fahrgestelle mit Gruppenkabine, abgesetztem Kofferaufbau und vorrangig mit Allradantrieb oder mit Straßenantrieb verwendet. Die Gesamtmasse ist auf maximal 14.000 Kilogramm begrenzt.

Abbildung 7: Löschgruppenfahrzeug LF 10 (Quelle: Schlingmann GmbH & Co. KG, Dissen)

Im Mannschaftsraum sind zwei Pressluftatmer untergebracht, die während der Fahrt angelegt werden können. Der eingebaute Löschwasserbehälter hat einen Inhalt von 1.200 Liter (LF 10) beziehungsweise 1.000 Liter (HLF 10). Im hinteren Geräteraum ist eine vom Fahrzeugmotor angetriebene Feuerlöschkreiselpumpe FPN 10-1000, mit einem A-Sauganschluss und mindestens zwei absperrbaren B-Druckabgängen eingebaut. Im hinteren rechten Geräteraum ist eine Einrichtung zur schnellen Wasserabgabe mit zwei an die Feuerlöschkreiselpumpe anschließbaren und in Buchten gelagerten C- oder D-Druckschläuche oder eine Schnellangriffseinrichtung (Wasser) mit einer Schlauchhaspel mit einem formbeständigem Druckschlauch DN 25 oder DN 33, jeweils mit angekuppeltem Hohlstrahlrohr gelagert. Die mitgeführte Schaummittelmenge ermöglicht einen 10-minütigen Einsatz eines Kombinationsschaumrohres M4/S4. Wahlweise kann eine Druckzumischanlage und ein fest eingebauter Schaummittelbehälter eingebaut werden. Die feuerwehrtechnische Beladung besteht aus einer Standardbeladung und bestimmten genormten Zusatzbeladungssätzen für Löschfahrzeuge oder anderen örtlichen Zusatzbeladungen.

■ Löschgruppenfahrzeug LF 20 und HLF 20

Für Löschgruppenfahrzeuge LF 20 gemäß DIN 14530-11 beziehungsweise Hilfeleistungs-Löschgruppenfahrzeuge HLF 20 gemäß DIN 14530-27 werden Fahrgestelle mit Gruppenkabine, abgesetztem Kofferaufbau und vorrangig mit Allradantrieb oder mit Straßenantrieb verwendet. Die Gesamtmasse ist auf maximal 16.000 Kilogramm begrenzt. Im Mannschaftsraum sind zwei Pressluftatmer untergebracht, die während der Fahrt angelegt werden können. Der eingebaute Löschwasserbehälter hat einen Inhalt von 2.000 Liter (LF 20) beziehungsweise 1.600 Liter (HLF 20). Im hinteren Geräteraum ist eine vom Fahrzeugmotor angetriebene Feuerlöschkreiselpumpe FPN 10-2000, mit einem A-Sauganschluss und vier absperrbaren B-Druckabgängen eingebaut. Im hinteren rechten Geräteraum ist eine Einrichtung zur schnellen Wasserabgabe mit zwei an die Feuerlöschkreiselpumpe anschließbaren und in Buchten gelagerten C- oder D-Druckschläuchen oder eine Schnellangriffseinrichtung (Wasser) mit einer Schlauchhaspel mit einem formbeständigen Druckschlauch DN 25 oder DN 33, jeweils mit angekuppeltem Hohlstrahlrohr gelagert. Die mitgeführte Schaummittelmenge ermöglicht einen

Abbildung 8: Löschgruppenfahrzeug LF 20 (Quelle: Schlingmann GmbH & Co. KG, Dissen)

10-minütigen Einsatz eines Kombinationsschaumrohres M4/S4. Wahlweise kann eine Druckzumischanlage und ein fest eingebauter Schaummittelbehälter eingebaut werden. Diese Löschgruppenfahrzeuge sind mit einem ausfahrbaren Lichtmast mit zwei Flutlichtstrahlern ausgerüstet. Hilfeleistungs-Löschgruppenfahrzeuge HLF 20 können zusätzlich mit einer Zugeinrichtung mit maschinellem Antrieb ausgerüstet werden. Die feuerwehrtechnische Beladung der Löschgruppenfahrzeuge LF 20 und HLF 20 besteht aus einer Standardbeladung und bestimmten genormten Zusatzbeladungssätzen für Löschfahrzeuge oder anderen örtlichen Zusatzbeladungen.

■ Löschgruppenfahrzeug LF 20 KatS (für den Katastrophenschutz)

Für Löschgruppenfahrzeuge LF 20 KatS gemäß DIN 14530-8 werden Fahrgestelle mit Gruppenkabine, abgesetztem Kofferaufbau und Allradantrieb verwendet. Die Gesamtmasse ist auf maximal 16.000 Kilogramm begrenzt. Im Mannschaftsraum sind zwei Pressluftatmer untergebracht, die während der Fahrt angelegt werden können. Der eingebaute Löschwasserbehälter hat einen Inhalt von mindestens 1.000 Liter. Im hinteren Geräteraum ist eine vom Fahrzeugmotor angetriebene Feuerlöschkreiselpumpe FPN 10-2000 mit einem A-Sauganschluss und vier absperrbaren B-Druckabgängen eingebaut.

Abbildung 9:
Löschgruppenfahrzeug LF 20 KatS (Quelle: Uwe Bunzel, Frankfurt am Main)

Im hinteren rechten Geräteraum ist eine Einrichtung zur schnellen Wasserabgabe mit zwei an die Feuerlöschkreiselpumpe anschließbaren und in Buchten gelagerten C- oder D-Druckschläuchen mit angekuppeltem Hohlstrahlrohr installiert. Als zusätzliche Pumpe wird eine Tragkraftspritze PFPN 10-2000 mitgeführt. Im heckseitigen Geräteraum sind 600 Meter B-Druckschläuche so gelagert, dass sie bei verhaltener Fahrt aus dem Fahrzeug heraus verlegt werden können. Die mitgeführte Schaummittelmenge ermöglicht einen 10-minütigen Einsatz eines Kombinationsschaumrohres M4/S4. Wahlweise kann eine Druckzumischanlage und ein fest eingebauter Schaummittelbehälter eingebaut werden. Das Fahrzeug ist mit einem aufklappbaren oder ausfahrbaren Lichtmast mit zwei Flutlichtstrahlern ausgerüstet. Die feuerwehrtechnische Beladung besteht aus einer Standardbeladung.

4.2.5 Tanklöschfahrzeuge

Tanklöschfahrzeuge werden aufgrund ihrer Ausstattung und den größeren Löschwasserbehältern überwiegend für die Bereitstellung von Löschwasser für erste einleitende Brandbekämpfungsmaßnahmen an einer Einsatzstelle, auch in schwer zugänglichen oder wasserarmen Gebieten sowie außerhalb befestigter Straßen, für den Nachschub von Löschwasser im Pendelverkehr oder zur Bekämpfung von Vegetationsbränden verwendet. Die Besatzung besteht aus einem Trupp (1/2).

■ Tanklöschfahrzeug TLF 2000

Für Tanklöschfahrzeuge TLF 2000 gemäß DIN 14530-18 werden Fahrgestelle mit Truppkabine, abgesetztem Kofferaufbau und Allrad verwendet. Die Gesamtmasse ist auf maximal 14.000 Kilogramm begrenzt.

Abbildung 10: Tanklöschfahrzeug TLF 2000 (Quelle: Schlingmann GmbH & Co. KG, Dissen)

Der eingebaute Löschwasserbehälter hat einen Inhalt von mindestens 2.000 Liter (oder mindestens 1.800 Liter). Im hinteren Geräteraum ist eine vom Fahrzeugmotor angetriebene Feuerlöschkreiselpumpe FPN 10-1000, mit einem A-Sauganschluss und zwei absperrbaren B-Druckabgängen eingebaut. Im hinteren rechten Geräteraum ist eine Einrichtung zur schnellen Wasserabgabe mit zwei an die Feuerlöschkreiselpumpe anschließbaren und in Buchten gelagerten C- oder D-Druckschläuchen oder eine Schnellangriffseinrichtung (Wasser) mit einer Schlauchhaspel mit einem formbeständigem Druckschlauch DN 25 oder DN 33, jeweils mit angekuppeltem Hohlstrahlrohr gelagert. Wahlweise kann dieses Tanklöschfahrzeug eine Schaummittelmenge für einen 10-minütigen Einsatz eines Kombinationsschaumrohres mitführen und mit einer Druckzumischanlage mit festeingebautem Schaummittelbehälter sowie einem fest aufgebauten Wasserwerfer im Dachbereich (Durchflussrate bis 400 Liter pro Minute) ausgerüstet werden. Die feuerwehrtechnische Beladung besteht aus einer Standardbeladung und gegebenenfalls einer Zusatzbeladung für die Bekämpfung von Vegetationsbränden.

■ Tanklöschfahrzeug TLF 3000

Für Tanklöschfahrzeuge TLF 3000 gemäß DIN 14530-22 werden Fahrgestelle mit Truppkabine, abgesetztem Kofferaufbau und Allrad verwendet. Die Gesamtmasse ist auf maximal 14.000 Kilogramm begrenzt.

Abbildung 11: Tanklöschfahrzeug TLF 3000 (Quelle: Schlingmann GmbH & Co. KG, Dissen)

Der eingebaute Löschwasserbehälter hat einen Inhalt von mindestens 3.000 Liter. Im hinteren Geräteraum ist eine vom Fahrzeugmotor angetriebene Feuerlöschkreiselpumpe FPN 10-2000 mit einem A-Sauganschluss und vier absperrbaren B-Druckabgängen eingebaut. Im hinteren rechten Geräteraum ist eine Einrichtung zur schnellen Wasserabgabe mit zwei an die Feuerlöschkreiselpumpe anschließbaren und in Buchten gelagerten C- oder D-Druckschläuchen oder eine Schnellangriffseinrichtung (Wasser) mit einer Schlauchhaspel mit einem formbeständigem Druckschlauch DN 25 oder DN 33, jeweils mit angekuppeltem Hohlstrahlrohr, vorhanden. Die mitgeführte Schaummittelmenge ermöglicht einen 10-minütigen Einsatz eines Kombinationsschaumrohres. Eine Druckzumischanlage und ein fest eingebauter Schaummittelbehälter sind zulässig. Wahlweise kann dieses Fahrzeug mit einem fest aufgebauten Wasserwerfer im Dachbereich (Durchflussrate von 400 bis 1.000 Liter pro Minute) und einer Selbstschutzanlage mit Flächensprühdüsen vor der Vorder- und Hinterachse ausgerüstet werden. Die feuerwehrtechnische Beladung besteht aus einer Standardbeladung und gegebenenfalls einer Zusatzbeladung für die Bekämpfung von Vegetationsbränden.

■ Tanklöschfahrzeug TLF 4000

Für Tanklöschfahrzeuge TLF 4000 gemäß DIN 14530-21 werden Fahrgestelle mit Truppkabine, abgesetztem Kofferaufbau und vorrangig mit Allrad oder mit Straßenantrieb verwendet.

Abbildung 12: Tanklöschfahrzeug TLF 4000 (Quelle: Schlingmann GmbH & Co. KG, Dissen)

Die Gesamtmasse ist auf maximal 16.000 Kilogramm begrenzt. Der eingebaute Löschwasserbehälter hat einen Inhalt von mindestens 4.000 Liter, der eingebaute Schaummittelbehälter von mindestens 500 Liter. Im hinteren Geräteraum ist eine vom Fahrzeugmotor angetriebene Feuerlöschkreiselpumpe FPN 10-2000 mit einem A-Sauganschluss und vier absperrbaren B-Druckabgängen eingebaut. Wahlweise kann dieses Fahrzeug mit einer Druckzumischanlage oder einer Druckluftschaumanlage sowie einer Selbstschutzanlage mit Flächensprühdüsen vor der Vorder- und Hinterachse ausgerüstet werden. Im Dachbereich ist ein Wasserwerfer mit einer Durchflussrate bis 1.600 Liter pro Minute aufgebaut. Im hinteren rechten Geräteraum ist eine Einrichtung zur schnellen Wasserabgabe mit zwei an die Feuerlöschkreiselpumpe anschließbaren und in Buchten gelagerten C- oder D-Druckschläuchen oder eine Schnellangriffseinrichtung (Wasser) mit einer Schlauchhaspel mit einem formbeständigem Druckschlauch DN 25 oder DN 33, jeweils mit angekuppeltem Hohlstrahlrohr vorhanden. Die feuerwehrtechnische Beladung besteht aus einer Standardbeladung und gegebenenfalls einer Zusatzbeladung für die Bekämpfung von Vegetationsbränden.

4.3 Selbstkontrolle und Testfragen

(Lösungen siehe Seite 111)

1. Welche Arten von Löschfahrzeugen werden unterschieden?

a) Kleinlöschfahrzeuge
b) Tragkraftpumpenfahrzeuge
c) Mittlere Löschfahrzeuge
d) Hilfeleistungs-Tanklöschfahrzeuge

2. In welchen Rechtsgrundlagen werden Anforderungen an Feuerwehrfahrzeuge festgelegt?

a) In der Straßenverkehrs-Ordnung
b) In DIN-Normen
c) In Dienstanweisungen
d) In Brandschutzgesetzen

3. Woraus setzt sich die Gesamtmasse eines Fahrzeuges zusammen?

a) Aus der Leermasse
b) Aus der Masse des Beifahrers (85 Kilogramm)
c) Aus der Masse der vorgesehenen Mannschaft (je 90 Kilogramm)
d) Aus der Masse aller losen Einrichtungen
e) Aus der Masse der Löschmittel und Einsatzausrüstungen

4. Welches ist das kleinste mit einem Löschwasserbehälter ausgestattete genormte Löschfahrzeug?

a) Das Löschgruppenfahrzeug LF 10
b) Das Tragkraftspritzenfahrzeug TSF
c) Das Tragkraftspritzenfahrzeug TSF-W
d) Das Kleinlöschfahrzeug KLF
e) Das Vorauslöschfahrzeug VLF

5. Welche Merkmale kennzeichnen ein HLF 10?

a) Eine vom Fahrzeugmotor angetriebene Feuerlöschkreiselpumpe
b) Eine als Frontpumpe eingebaute Feuerlöschkreiselpumpe
c) Ein Fahrer- und Mannschaftsraum für die Aufnahme einer Staffel
d) Ein Fahrer- und Mannschaftsraum für die Aufnahme einer Gruppe
e) Ein Löschwasserbehälter mit einem Inhalt von 1.000 Liter

6. Wodurch unterscheidet sich ein LF 20 von einem HLF 20?

a) Durch die auf Wunsch eingebaute maschinelle Zugeinrichtung
b) Durch den Lichtmast
c) Durch eine erweiterte Beladung für Technische Hilfeleistungen
d) Durch eine örtliche Zusatzbeladung

7. Welche Merkmale kennzeichnen ein TLF 2000?

a) Eine Feuerlöschkreiselpumpe FPN 10-1000
b) Eine Feuerlöschkreiselpumpe FPN 10-2000
c) Ein Fahrerraum für die Aufnahme eines Trupps
d) Ein Fahrer- und Mannschaftsraum für die Aufnahme einer Staffel
e) Ein Löschwasserbehälter mit einem Inhalt von 2.000 Liter
f) Ein Löschwasserbehälter mit einem Inhalt von 1.200 Liter

8. Mit welchen Einrichtungen kann ein TLF 4000 wahlweise ausgerüstet werden?

a) Mit einem Wasserwerfer im Dachbereich
b) Mit einer Druckzumischanlage oder einer Druckluftschaumanlage
c) Mit einer Selbstschutzanlage mit Flächensprühdüsen vor der Vorder- und Hinterachse
d) Mit einer maschinellen Zugeinrichtung

5 Motoren

Aufgabe der Maschinisten ist die fachlich richtige und unfallsichere Bedienung von Fahrzeugen, Pumpen und kraftbetriebenen Geräten, die von Verbrennungs- oder Elektromotoren angetrieben werden.

5.1 Verbrennungsmotoren

Verbrennungsmotoren wandeln die Energie des zugeführten Kraftstoffs in mechanische Arbeit um. Im Verbrennungsraum wird ein Kraftstoff-Luft-Gemisch zur Zündung gebracht und so über entsprechende Bauteile eine drehende Antriebsbewegung ausgelöst.

■ Einteilung nach der Art der Gemischbildung und Zündung

Hierbei wird zwischen Otto- und Dieselmotoren unterschieden. Bei einem **Ottomotor** erfolgt die Verbrennung des verdichteten Kraftstoff-Luft-Gemisches durch Fremdzündung (Zündkerzen). Dabei wird der Kraftstoff (Benzin) außerhalb des Verbrennungsraums über einen Vergaser der Luft zugemischt oder durch eine Einspritzanlage in den mit Luft gefüllten Verbrennungsraum eingespritzt. Bei einem **Dieselmotor** wird eingespritzter Dieselkraftstoff im Verbrennungsraum entzündet, nachdem die dort befindliche Luft durch hohe Verdichtung auf die für die Selbstzündung des Kraftstoffs erforderliche Temperatur gebracht worden ist.

■ Einteilung nach der Arbeitsweise

Es wird zwischen Viertakt- und Zweitaktmotoren unterschieden. Bei einem **Viertaktmotor** werden für ein Arbeitsspiel (Ansaugen – Verdichten – Arbeiten – Ausstoßen) vier Kolbenhübe, das heißt, Aufwärts- oder Abwärtsbewegungen des Kolbens beziehungsweise zwei Kurbelwellenumdrehungen benötigt. Der Gaswechsel ist geschlossen, das heißt, Frischgas und Abgas sind vollständig voneinander getrennt.

Bei einem **Zweitaktmotor** werden für ein Arbeitsspiel (Ansaugen – Verdichten – Arbeiten – Ausstoßen) zwei Kolbenhübe, das heißt, Aufwärts- oder Abwärtsbewegungen des Kolbens beziehungsweise eine Kurbelwellenumdrehung benötigt. Der Gaswechsel ist offen, das heißt, es kommt zu einer teilweisen Durchmischung von Frischgas und Abgas. Als Kraftstoff kommt bei diesen Motoren ein Benzin-Öl-Gemisch zum Einsatz.

■ Einteilung nach der Zylinderanordnung

Entsprechend der Anordnung der Zylinder wird zwischen Reihen-, Boxer-, und V-Motoren unterschieden. Bei einem **Reihenmotor** stehen die Zylinder in einer Reihe hintereinander. Reihenmotoren sind häufig verwendete Motoren in Personen- und Lastkraftwagen. Bei einem **Boxermotor** sind die Zylinder im Winkel von 180 Grad einander gegenüberliegend und etwas versetzt zueinander angeordnet. Sie werden zum Teil in Personenkraftwagen eingesetzt, im Feuerwehrbereich insbesondere als Antriebsmotoren in Tragkraftspritzen älterer Baujahre. Bei einem **V-Motor** sind die Zylinder in zwei Ebenen V-förmig (bis zu 90 Grad) zueinander angeordnet. V-Motoren werden für Motoren von Personen- und Lastkraftwagen verwendet.

■ Einteilung nach der Kühlung

Die Verbrennungsmotoren werden in flüssigkeitsgekühlte und luftgekühlte Motoren eingeteilt. Bei **luftgekühlten** Motoren wird der Fahrtwind, zusätzlich durch Lüfter oder Gebläse unterstützt, direkt auf den Motor geleitet. Die Zylinder luftgekühlter Motoren haben Kühlrippen, um die Wärme abgebende Oberfläche zu vergrößern Luftgekühlte Motoren werden hauptsächlich für Kleinmotoren (Motorsägen, ...) verwendet. Fahrzeugmotoren sind meist **flüssigkeitsgekühlt,** wobei ein Gemisch aus destilliertem Wasser und Frostschutzmittel als Kühlflüssigkeit dient. Ein Flüssigkeitskühler wird an der Front eines Fahrzeuges angebracht, wo der Fahrtwind das durchfließende Kühlmittel abkühlt. Von dort wird das Kühlmittel mit einer Wasserpumpe durch Schläuche in den Motorbereich gepumpt.

■ Verwendung

Die Bandbreite der im Bereich der Feuerwehr verwendeten Motoren umfasst Verbrennungsmotoren mit einem oder mehreren Zylindern, die nach dem Zwei- oder Viertakt-Prinzip arbeiten und mit Diesel, Benzin oder einem Benzin-Öl-Gemisch betrieben werden. Während in der Vergangenheit zum Beispiel Tragkraftspritzen meist durch luftgekühlte Boxermotoren angetrieben wurden, werden heute dafür Motoren in unterschiedlichen Ausführungen verwendet, zum Beispiel Dreizylinder-Reihen-Viertakt-Benzinmotoren oder Zweizylinder-Reihen-Viertakt Dieselmotoren.

Für den Antrieb von kraftbetriebenen Geräten werden überwiegend Zweitakt-Benzinmotoren, teilweise auch Viertakt-Benzinmotoren verwendet. Der jeweilige Hubraum und die Motorleistung dieser Motoren sind abhängig von der Art des Gerätes, vom Modell und vom Hersteller. Gestartet werden diese Verbrennungsmotoren in der Regel mit rückschlagsicheren Handstarteinrichtungen (Revesier-Seilzugstarter). Zum Starten ist das Startseil am Handgriff herauszuziehen, bis der Anschlag (Kompression) spürbar ist. Dann ist das Seil kräftig herauszuziehen und langsam zurückzuführen.

■ Unfallverhütung

In der DGUV Vorschrift 49 „Unfallverhütungsvorschrift – Feuerwehren“ wird ausdrücklich darauf hingewiesen, dass Verbrennungsmotoren so zu betreiben sind, dass Feuerwehrangehörige durch die Abgase der Motoren nicht gefährdet werden. Dies wird durch eine entsprechende Abgasableitung, zum Beispiel durch Abgasschläuche, erreicht.

Aufgrund der von den Verbrennungsmotoren erzeugten Geräusche ist bei der Verwendung dieser Geräte in der Regel die Benutzung eines geeigneten Gehörschutzes notwendig. Im Bereich der Feuerwehr werden hierzu Kapselgehörschützer verwendet, die die Ohren der Feuerwehrangehörigen vollständig mit schalldämmenden Kapseln umschließen oder mindestens Gehörschutzstöpsel in Form von konischen Schaumstöpseln.

5.2 Elektromotoren

Elektromotoren wandeln elektrische Energie in mechanische Energie um. Ein von Strom durchflossener Leiter im Elektromotor baut ein Magnetfeld auf, dessen Polung von der Richtung des ihn durchfließenden Stroms abhängt. Durch die Umpolung von Plus- und Minuspol kann das Magnetfeld einfach „herumgedreht“ werden. Entsprechend zeitlich abgestimmt, wird damit eine stetige drehende Bewegung erzeugt.

■ Verwendung

Elektromotoren werden im Bereich der Feuerwehr zum Antrieb von Hydraulikpumpen, Lüftungsgeräten, Tauchmotorpumpen, tragbaren Kettensägen oder Trennschleifgeräten verwendet. Für den Antrieb dieser Geräte werden Elektromotoren mit einer Nennspannung von 230 Volt, teilweise auch mit einer Nennspannung von 400 Volt verwendet. Diese Elektromotoren sind mit den üblichen Sicherheitseinrichtungen ausgestattet, zum Beispiel mit einem Überlastungsschutz, einer Anlaufstrombegrenzung, einem Wiederanlaufschutz oder einer Kabelzugentlastung.

■ Unfallverhütung

In der DGUV Vorschrift 49 „Unfallverhütungsvorschrift – Feuerwehren“ wird ausdrücklich darauf hingewiesen, dass nur solche elektrisch betriebenen Geräte verwendet werden dürfen, die entsprechend den zu erwartenden Einsatzbedingungen der Feuerwehr ausgelegt sind. Für die Stromversorgung an einer Einsatzstelle sind grundsätzlich nur die Stromerzeuger der Feuerwehr einzusetzen. Sollte in Ausnahmefällen auf Grund der Einsatzsituation eine andere Stromentnahmestelle, zum Beispiel eine ortsfeste Elektroinstallation, genutzt werden, muss gemäß § 29 „Gefährdung durch elektrischen Strom“, eine geeignete Personenschutzeinrichtung zwischen der Steckdose der Elektroinstallation und dem elektrischen Gerät der Feuerwehr eingesetzt werden. Diese Personenschutzeinrichtung ist möglichst nah an der Stromentnahmestelle zu verwenden.

5.3 Selbstkontrolle und Testfragen

(Lösungen siehe Seite 111)

1. Nach welchen Merkmalen können Verbrennungsmotoren eingeteilt werden?

a) Nach der Art der Gemischbildung und Zündung
b) Nach der Arbeitsweise
c) Nach der Preisklasse
d) Nach der Zylinderanordnung
e) Nach der Art der Kühlung

2. Welche Arten der Kühlung sind für Verbrennungsmotoren vorgesehen?

a) Flüssigkeitskühlung
b) Trockenkühlung
c) Luftkühlung
d) Reihenkühlung
e) Feuerwehrkühlung

3. Wozu werden Elektromotoren verwendet?

a) Zum Antrieb von tragbaren Kettensägen
b) Zum Antrieb von Tauchmotorpumpen
c) Zum Antrieb von Tragkraftspritzen
d) Zum Antrieb von Stromerzeugern
e) Zum Antrieb von Trennschleifgeräten

4. Welche Motoren werden für Tragkraftspritzen verwendet?

a) Dreizylinder-Reihen-Viertakt Benzinmotor
b) Einzylinder-Reihen-Viertakt Benzinmotor
c) Zweizylinder-Reihen-Viertakt Dieselmotor
d) Sechszylinder Boxer-Viertakt Benzinmotor

6 Feuerlöschkreiselpumpen

Feuerlöschkreiselpumpen sind für die Einsatzaufgaben der Feuerwehr besonders gestaltete Pumpen, die vorwiegend zur Förderung von Löschwasser verwendet werden. Sie werden fest in Löschfahrzeugen oder in Tragkraftspritzen eingebaut. Feuerlöschkreiselpumpen müssen in der Lage sein, eine ausreichende Wassermenge unter ausreichendem Druck von einer Wasserentnahmestelle zu einer Abgabestelle (Brandstelle, ...) zu fördern.

6.1 Einteilung der Feuerlöschkreiselpumpen

Feuerlöschkreiselpumpen werden zunächst in Feuerlöschkreiselpumpen mit und in Feuerlöschkreiselpumpen ohne Entlüftungseinrichtung unterteilt. Die Klassifizierung sowie die allgemeinen Anforderungen an diese Pumpen werden in entsprechenden DIN EN Normen beschrieben und geregelt.

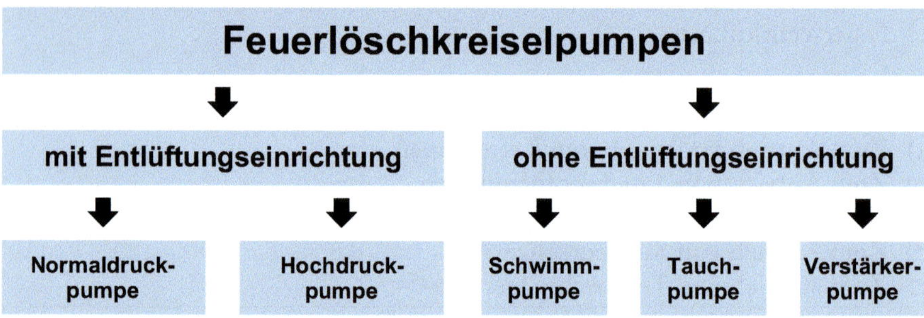

Gemäß DIN EN 1028 werden Feuerlöschkreiselpumpen mit Entlüftungseinrichtung als Normaldruckpumpen (FPN) in Fahrzeugen und Tragkraftspritzen verwendet. Für besondere Anwendungsbereiche werden auch mehrstufige Hochdruckpumpen (FPH) verwendet. Feuerlöschkreiselpumpen ohne Entlüftungseinrichtung gemäß DIN EN 14710 kommen als tragbare Schwimmpumpen, Tauchpumpen und Verstärkerpumpen bei der Wasserentnahme aus offenen Gewässern zur Anwendung.

Die Kurzbezeichnung für eine Feuerlöschkreiselpumpe gemäß DIN EN 1028 setzt sich aus dem Begriff FPN (**F**ire **P**ump **N**ormal Pressure = Feuerlöschpumpe Normaldruck), dem Wert für den Nennförderdruck p_N und dem Wert für den Nennförderstrom Q_N zusammen.

Tabelle 1: Allgemein verwendete Feuerlöschkreiselpumpen gemäß DIN EN 1028

Kurzbezeichnung	Nennförderdruck [bar]	Nennförderstrom [L/min]	Schließdruck [bar]
FPN 10-750	10	750	10 bis 17
FPN 10-1000	10	1000	10 bis 17
FPN 10-1500	10	1500	10 bis 17
FPN 10-2000	10	2000	10 bis 17
FPH 40-250	15	250	40 bis 54,5

6.2 Begriffe

In der DIN EN 1028 sind verschiedene Begriffe für Feuerlöschkreiselpumpen festgelegt und näher erläutert:

- **Förderstrom Q [l/min]** – die von den Feuerlöschkreiselpumpen geförderte Wassermenge je Zeiteinheit.
- **Nennförderstrom Q_N [l/min]** – der festgelegte Förderstrom bei Nennförderdruck, Nenndrehzahl und geodätischer Nennsaughöhe.
- **Eingangsdruck p_e [bar]** – der Druck am Eingangsquerschnitt (Saugeingang) der Pumpen, angezeigt durch das Eingangsdruckmessgerät.
- **Ausgangsdruck p_a [bar]** – der Druck am Austrittsquerschnitt (B-Druckausgang) der Pumpen, angezeigt durch das Ausgangsdruckmessgerät.
- **Förderdruck p [bar]** – der Unterschied zwischen dem Ausgangsdruck und dem Eingangsdruck. Der Förderdruck wird errechnet ($p = p_a - p_e$).
- **Nennförderdruck p_N [bar]** – der festgelegte Förderdruck für den Nennförderstrom (zum Beispiel bei einer FPN 10-1000 = 10 Bar).

- **Schließdruck** p_{a0} [bar] – der Ausgangsdruck bei einem Förderstrom von 0 Liter pro Minute, bei geodätischer Nennsaughöhe und Höchstdrehzahl der Pumpe.
- **Drehzahl** n [s^{-1}] – die vom Antriebsmotor auf die Pumpenwelle/das Laufrad übertragene Anzahl von Umdrehungen pro Minute.
- **Nenndrehzahl** n_N [s^{-1}] – die Drehzahl der Pumpenwelle/des Laufrades bei Nennförderleistung.
- **Höchstdrehzahl** n_0 [s^{-1}] – die vom Hersteller der Pumpe angegebene maximale Drehzahl der Pumpenwelle/des Laufrades.
- **Geodätische Saughöhe** $H_{S\,geo}$ [m] – der Höhenunterschied zwischen der Eintrittsmitte des Laufrades (Pumpenwellenmitte) und dem saugseitigen Wasserspiegel.
- **Geodätische Nennsaughöhe** $H_{S\,geoN}$ [m] – der für den Nennförderstrom festgelegte Höhenunterschied zwischen der Eintrittsmitte des Laufrades (Pumpenwellenmitte) und dem saugseitigen Wasserspiegel.

6.3 Bauteile einer Feuerlöschkreiselpumpe

Eine Feuerlöschkreiselpumpe gemäß DIN EN 1028 besteht unabhängig von ihrer Baugröße im Wesentlichen aus folgenden Bauteilen:

Das **Pumpengehäuse** wird aus einem ringförmigen Hohlkörper mit **druckseitigen Ausgängen** gebildet. Es umschließt das **Laufrad** und das feststehende Leitrad (auch Leitapparat genannt). An der tiefsten Stelle des Pumpengehäuses ist ein von Hand zu betätigender **Ablasshahn** angeordnet, der zum Entwässern der Pumpe nach ihrem Gebrauch dient. Das Pumpengehäuse wird zur Saugseite hin durch einen **Gehäusedeckel** abgeschlossen. An diesem befindet sich das saugseitige Stützlager für die Pumpenwelle, der Saugeingang mit der Anschlusskupplung für einen Saugschlauch oder ein Sammelstück und ein Schutzsieb, das ein Eindringen von Schmutzteilen oder Fremdkörpern in das Pumpengehäuse verhindern soll. Die **Pumpenwelle** dient der Kraftübertragung vom Antriebsmotor auf das Laufrad, das mittels Nut und Feder mit der Pumpenwelle verbunden ist. Die Pumpenwelle wird durch Wellenlager getragen, die sich auf der Motorseite (Hauptlager) und Saugseite (Stützlager) befinden.

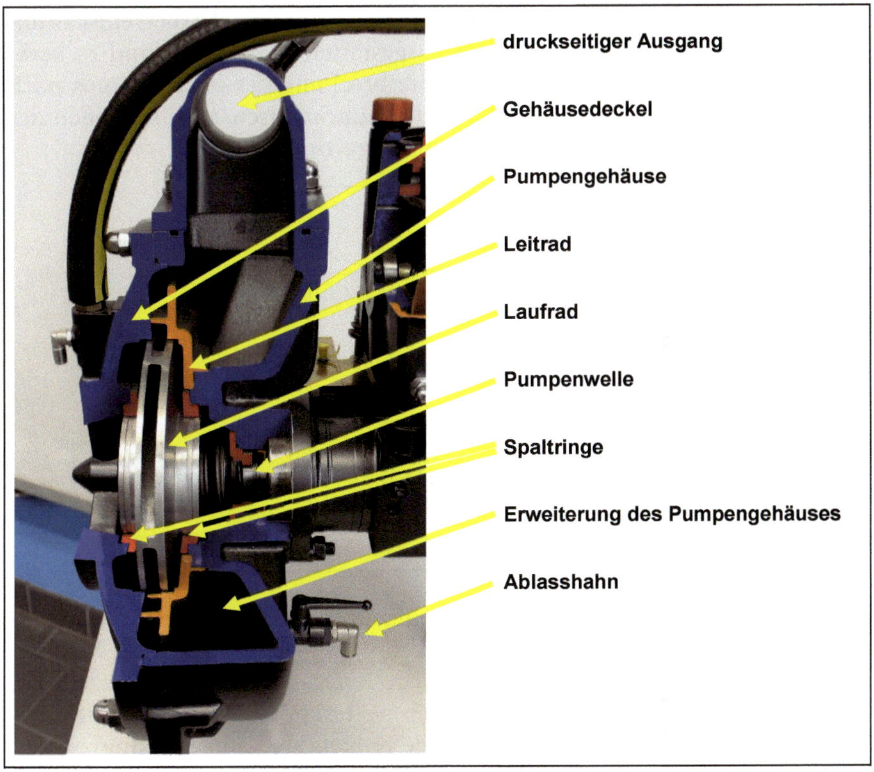

Abbildung 13: Schnittmodell einer einstufigen Feuerlöschkreiselpumpe (Quelle: Schlingmann GmbH & Co. KG, Dissen)

Als luft- und wasserdichter Abschluss der Pumpenwelle nach außen werden Wellenabdichtungen und als Abdichtung zwischen Saug- und Druckseite innerhalb der Pumpe **Spaltringe** eingesetzt. Die Spaltringe begrenzen den inneren Wasserkreislauf am Spalt zwischen Laufrad und Leitrad und erhöhen damit den Wirkungsgrad der Feuerlöschkreiselpumpe. Die Druckstufe besteht aus einem Laufrad auf der Pumpenwelle und einem Leitrad im Pumpengehäuse. Je nach Anzahl der Druckstufen wird zwischen einstufigen und zweistufigen Feuerlöschkreiselpumpen unterschieden.

Feuerlöschkreiselpumpen sind mit selbstschließenden Absperreinrichtungen an den **druckseitigen Ausgängen** ausgestattet. Diese von Hand zu betätigenden B-Druckventile dienen der Unterbrechung des Förderstroms nach Beendigung der Wasserförderung und dem automatischen Verschließen der Druckanschlüsse vor Beginn eines Entlüftungsvorganges.

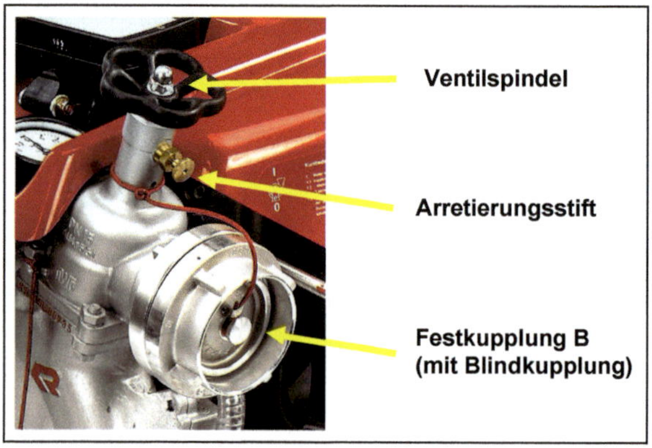

Abbildung 14:
Selbstschließendes B-Druckventil
(Quelle: Rosenbauer International AG, Leonding)

Ist die **Ventilspindel** bis zum Anschlag eingedreht, presst sie den angebrachten Ventilteller auf den Ventilsitz, das Ventil ist fest verschlossen. Wird die Ventilspindel bis zum Einrasten des Arretierungsstiftes herausgedreht, drückt eine Druckfeder den Ventilteller weiterhin auf den Ventilsitz, das Ventil bleibt weiterhin geschlossen. In dieser Stellung kann der Saugvorgang vorgenommen werden. Der dann von der Pumpe geförderte Wasserstrom hebt den Ventilteller vom Ventilsitz ab und öffnet das Ventil gegen den Federdruck. Bleibt der Wasserstrom aus (zum Beispiel beim Abreißen der Wassersäule) wird der Ventilteller durch die Federkraft wieder auf den Ventilsitz gedrückt und somit das Ventil verschlossen (Wirkung als Rückschlagventil). Erst wenn der federbelastete **Arretierungsstift** gezogen wird, kann die Spindel noch weitere zwei bis drei Gewindegänge herausgedreht werden, so dass der Ventilteller vom Ventilsitz gehoben und die Selbstschließeinrichtung ausgeschaltet wird. Dies kann notwendig werden, wenn Pumpe und Saugschlauch bei ausgefallener Entlüftungseinrichtung über den Druckausgang mit Wasser gefüllt werden müssen oder wenn die abgehende Förderleitung über die Pumpe entwässert werden muss.

Bei Löschfahrzeugen mit festeingebautem Löschwasserbehälter kann das zu fördernde Wasser über eine Absperreinrichtung unmittelbar am Sauganschluss der Feuerwehrkreiselpumpe zugeführt werden. Über diese von Hand zu bedienende Absperreinrichtung, kann das Wasser wahlweise über den Sauganschluss mit Festkupplung A (Saugbetrieb, Hydrantenbetrieb, Pumpenreihenschaltung) oder direkt vom Löschwasserbehälter (Tankbetrieb) in die Feuerlöschkreiselpumpe eingespeist werden. Als Absperreinrichtung wird dazu – je nach Fabrikat der Feuerlöschkreiselpumpe – ein Tankumschalthahn mit Handhebel (Drei-Wege-Ventil), eine Tankumschaltklappe mit Absperrspindel und Handrad oder jeweils eine Absperrklappe-Tanksaugleitung und eine Absperrklappe-Saugeingang verwendet.

Druckmessgeräte zeigen den Eingangsdruck beziehungsweise Ausgangsdruck der Feuerlöschkreiselpumpe als Überdruck an. Die Anzeige 0 entspricht dabei dem jeweiligen atmosphärischem Luftdruck.

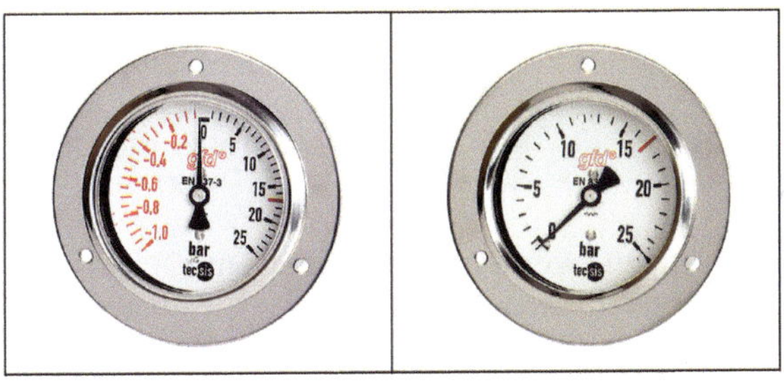

Abbildung 15:
Eingangs- und Ausgangsdruckmessgerät
(Quelle: Gemeinschaft Feuerwehrfachhandel Deutschland – gfd®-GmbH, Ludwigsfelde)

An der Saugseite befindet sich das **Eingangsdruckmessgerät** mit zwei Skalenbereichen. Der rote Skalenbereich zeigt den Eingangsdruck beim Saugvorgang als negativen Wert von 0 bis minus 1 Bar an. Der schwarze Skalenbereich zeigt den Eingangsdruck als positiven Wert von 0 bis 25 Bar an, wenn das Wasser einer Feuerlöschkreiselpumpe von einem Hydranten oder einer anderen Feuerwehrpumpe mit Druck zugeführt wird. An der Druckseite befindet sich das **Ausgangsdruckmessgerät** mit einem schwarzen Skalenbereich. Es zeigt während des Betriebes den von einer Feuerlöschkreiselpumpe erzeugten Ausgangsdruck als positiven Wert bis 25 Bar an.

Mechanisch, pneumatisch, elektrisch oder elektronisch zu betätigende **Bedienungselemente** einer Feuerlöschkreiselpumpe, zum Beispiel Schalter, Taster, Kugelhähne, Umschaltorgane, B-Druckventile oder sonstige Stellteile werden so angebracht, dass sie leicht erreichbar und ohne übermäßigen Kraftaufwand zu betätigen sind. Gegebenenfalls sind Maßnahmen zu treffen, zum Beispiel Anbringen besonderer Kennzeichnungen, um Bedienfehler durch Verwechselungen zu vermeiden.

Abbildung 16:
Bedienfeld einer in einem Löschfahrzeug fest eingebauten Feuerlöschkreiselpumpe FPN 10-2000
(Quelle: Schlingmann GmbH & Co KG, Dissen)

Modernere Feuerlöschkreiselpumpen werden zunehmend **mit elektronischen Bedienungs- und Steuerungselementen** und Bedienungen über selbstleuchtende Farbdisplays mit symbolgeführten Bedienoberflächen und handschuhtauglichen Softkey-Schaltern ausgestattet. Durch schlüssig aufgebaute Bediengestaltungen können diese Systeme auch Informationen über den aktuellen Status einer Feuerlöschkreiselpumpe, unmittelbare Rückmeldungen über möglicherweise auftretende Fehlfunktionen oder mögliche Fehlbedienungen sowie Vorschläge zur richtigen Handhabung zur Verfügung stellen.

Betätigungseinrichtungen und äußere Anschlüsse von Feuerlöschkreiselpumpen, zum Beispiel Blindkupplungen, werden durch unterschiedliche Farben gekennzeichnet. Dadurch soll die Bedienung der Feuerlöschkreiselpumpen erleichtert und die Verunreinigung durch Schaummittel oder Löschzusätze vermieden werden. Folgende Farben sind dazu vorgegeben:

- **rot** oder **farblos** – für Wassereingänge
- **grün** oder **farblos** – für Wasserausgänge (Normaldruck bis 20 Bar)
- **violett** – für Wasserausgänge (Normaldruck über 20 Bar)
- **blau** – für Entwässerungen und Auslässe zur Druckentlastung
- **gelb** – für Ein- und Ausgänge für Schaum oder Schaummittel
- **orange** oder **rot** – für Funktionshebel
- **schwefelgelb** – für Schmierstellen

6.4 Entlüftungseinrichtungen

Feuerlöschkreiselpumpen können aufgrund ihrer Bauart selbst kein Wasser ansaugen und benötigen daher eine entsprechende Entlüftungseinrichtung. Soll Löschwasser aus einem offenen Gewässer entnommen werden, wird durch eine angebaute und von der Pumpenwelle angetriebene Entlüftungseinrichtung Luft aus dem Pumpengehäuse der Feuerlöschkreiselpumpen und den angekuppelten Saugschläuchen gesaugt und so der Druck in den Pumpen und den Saugschläuchen gesenkt. Durch den auf die Wasseroberfläche einwirkenden äußeren Luftdruck wird dann das Wasser durch die Saugschläuche in die Pumpengehäuse der Feuerlöschkreiselpumpen gedrückt. Entlüftungseinrichtungen müssen innerhalb von 30 Sekunden Feuerlöschkreiselpumpen mit angekuppelten Saugschläuchen sicher entlüften. Bei selbstständig (zum Beispiel druckabhängig) ein- und ausschaltenden Entlüftungseinrichtungen darf der Abschaltdruck maximal 2,5 Bar betragen.

Tabelle 2: Arten von Entlüftungseinrichtungen

Art	Verwendung an Pumpen der Firmen
Membran-Entlüftungspumpe	• Magirus
Trockenkolben-Entlüftungspumpe	• Albert Ziegler
Kolbenansaugpumpe	• Rosenbauer
Doppelkolben-Entlüftungspumpe	• Schlingmann • PF Pumpen- und Feuerlöschtechnik

6.5 Zusatzeinrichtungen

Feuerlöschkreiselpumpen können mit Zusatzausrüstungen ausgestattet werden, die die Einsatzmöglichkeiten der Pumpen erweitern und gleichzeitig zu einer Entlastung der Maschinisten beitragen. Dazu folgende Beispiele:

Mit einer **automatischen Pumpendruckregelung** kann unabhängig von der jeweils geförderten Löschwassermenge und von Druckänderungen der von der Feuerlöschkreiselpumpe erzeugte Ausgangsdruck automatisch und andauernd gleich gehalten werden. Der gewünschte Ausgangsdruck wird über ein Bedienelement auf dem Bedienfeld der Pumpe vorgewählt.

An eine **automatische Wasserzuführungsregulierung** kann während der Wasserentnahme aus dem Löschwasserbehälter eine Schlauchleitung angeschlossen werden. Sobald der Feuerlöschkreiselpumpe über diese Schlauchleitung Wasser mit einem Druck von etwa 1,5 Bar zugeführt wird, erfolgt eine automatische Unterbrechung der Wasserentnahme aus dem Löschwasserbehälter. Wird die Zuführung von Wasser über die Schlauchleitung unterbrochen oder eine zu geringe Menge Wasser zugeführt, erfolgt wieder eine Wasserentnahme aus dem Löschwasserbehälter.

Mit einer **Pumpenvormischanlage** wird dem Löschwasser Schaummittel aus einem eingebauten Schaummittelbehälter mit einer voreingestellten Zumischrate unabhängig vom Pumpendruck und Förderstrom zugemischt. Das erzeugte Wasser-Schaummittel-Gemisch wird saugseitig in die Feuerlöschkreiselpumpe eingeleitet. An allen Druckausgängen der Pumpe kann dann ein Wasser-Schaummittel-Gemisch entnommen werden.

Mit einer **Druckzumischanlage** wird dem Löschwasser an einem bestimmten Druckausgang der Feuerlöschkreiselpumpe fortlaufend Schaummittel aus einem eingebauten Schaummittelbehälter mit einer voreingestellten Zumischrate zugemischt. Die Abgabe des erzeugten Wasser-Schaummittel-Gemisches erfolgt über einen (meist wählbaren) B-Druckausgang, über die Schnellangriffseinrichtung Wasser oder einen gegebenenfalls vorhandenen Schaum-/Wasserwerfer.

Mit einer **Druckluftschaumanlage** wird dem Löschwasser wie bei einer Druckzumischanlage fortlaufend Schaummittel zugemischt. Dem so erzeugten Wasser-Schaummittel-Gemisch wird danach über einen eingebauten Druckluftkompressor die zur Verschäumung notwendige Luft zugemischt und so ein Löschschaum erzeugt. In den entsprechenden Schlauchleitungen wird dann ein Gemisch aus Wasser, Schaummittel und Luft in verdichteter Form bis zur Strahlrohrdüse gefördert.

6.6 Grundsätzliche Arbeitsweise

Mit Feuerlöschkreiselpumpen wird Wasser durch Strömungsbewegungen in den Pumpen gefördert. Der erforderliche Förderdruck wird dabei von einer Druckstufe (Laufrad, Leitrad) aufgebracht und den Druckabgängen zugeleitet. Die Leistung der Feuerlöschkreiselpumpen ist abhängig von der Größe und Form des Laufrades und des Leitrades und von der Drehzahl der Pumpenwelle und somit des Laufrades. Die Kraftübertragung erfolgt von Fahrzeugmotoren oder Antriebsmotoren unmittelbar beziehungsweise über einen Nebenantrieb auf die Pumpenwelle.

Wird einer Feuerlöschkreiselpumpe über den Saugeingang Wasser zugeführt, fließt das Wasser dem sich mit hoher Drehzahl drehenden Laufrad zu. Das Wasser wird im Laufrad umgelenkt, von den gekrümmten Schaufeln des Laufrades erfasst, mit zunehmender Geschwindigkeit durch die nach außen größer werdenden Laufradkanäle weitergeleitet und infolge der raschen Drehung des Laufrades durch die Zentrifugalkraft zum äußeren Rand des Laufrades geschleudert. Das mit hoher Bewegungsenergie aus den Laufradkanälen austretende Wasser wird in dem angrenzenden feststehenden Leitrad, dessen Kanalquerschnitte sich ebenfalls stetig vergrößern, aufgefangen. Durch das Abbremsen der Fließgeschwindigkeit des Wassers wird weiter Bewegungsenergie in Druckenergie umgewandelt. Aus dem Leitrad strömt das Wasser in den Druckkanal des Pumpengehäuses. Am Druckkanal befinden sich dann die Druckausgänge mit den Absperreinrichtungen, an denen das Wasser aus der Pumpe entnommen und den angekuppelten Druckschläuchen zugeführt werden kann.

Bei einer zweistufigen Feuerlöschkreiselpumpe strömt das Wasser zunächst vom ersten Laufrad in das erste Leitrad und von dort durch ein dicht dahinter liegendes zweites Laufrad in ein weiteres Leitrad und erst dann weiter in den Druckkanal und zu den Druckausgängen. Dadurch wird der Druck jeweils weiter erhöht und die Fließgeschwindigkeiten in der Feuerlöschkreiselpumpe und somit auch die Kavitationsgefahr verringert.

Feuerlöschkreiselpumpen können jedoch nur Wasser fördern, wenn ihnen auch ständig Wasser zuströmt und sie können dabei nur so viel Wasser fördern, wie ihnen zufließt. Das Wasser kann aus einem Löschwasserbehälter im Fahrzeug, über eine Saugleitung, durch die Einspeisung aus einem Hydranten oder durch die Einspeisung bei einer Reihenschaltung mehrerer Feuerlöschkreiselpumpen zugeführt werden.

6.7 Leistungswerte

Für Feuerlöschkreiselpumpen werden bestimmte Leistungswerte vorausgesetzt und im Rahmen von Typprüfungen, Abnahmeprüfungen oder regelmäßigen Prüfungen ermittelt. Diese Leistungswerte müssen in Abhängigkeit von der Konstruktion der Feuerlöschkreiselpumpen und deren Antriebsmotoren als so genannte Garantiepunkte mindestens erbracht werden. In der DIN EN 1028 sind folgende Garantiepunkte festgelegt:

Garantiepunkt 1: Bei einer geodätischen Nennsaughöhe $H_{S\,geoN}$ von 3 Meter muss mindestens der Nennförderdruck p_N und der Nennförderstrom Q_N bei Nenndrehzahl n_N (plus/minus 5 Prozent) erreicht werden.

Garantiepunkt 2: Bei einer geodätischen Saughöhe $H_{S\,geo}$ von 7,5 Meter und dem Nennförderdruck p_N muss mindestens der halbe Nennförderstrom Q_N erreicht werden.

Garantiepunkt 3: Bei einer geodätischen Saughöhe $H_{S\,geo}$ von 3 Meter und dem 1,2fachen Nennförderdruck p_N muss mindestens der halbe Nennförderstrom Q_N bei einer Drehzahl kleiner der Höchstdrehzahl n_0 erreicht werden.

Tabelle 3: Leistungswerte von Feuerlöschkreiselpumpen gemäß DIN EN 1028

	FPN 10-1000	**FPN 10-2000**	**FPH 40-250**
Garantiepunkt 1			
geodätische Nennsaughöhe $H_{S\,geoN}$ [m]	3,00	3,00	3,00
Nennförderdruck p_N [bar]	10	10	40
Nennförderstrom Q_N [L/min]	1.000	2.000	250
Garantiepunkt 2			
geodätische Saughöhe $H_{S\,geo}$ [m]	7,50	7,50	---
Nennförderdruck p_N [bar]	10	10	---
Förderstrom Q [L/min]	500	1.000	---
Garantiepunkt 3			
geodätische Saughöhe $H_{S\,geo}$ [m]	3,00	3,00	3,00
Förderdruck p [bar]	12	12	48
Förderstrom Q [L/min]	500	1.000	125
Schließdruck			
Schließdruck p_{a0} [bar]	10 bis 17	10 bis 17	40 bis 54,5
statischer Prüfdruck [bar]	15	15	60
dynamischer Prüfdruck [bar]	22,5	22,5	60

Die aufgeführten Werte müssen bei der Leistungsprüfung von den Feuerlöschkreiselpumpen mindestens erreicht werden. Auf speziellen Pumpenprüfständen werden in Abhängigkeit von den verschiedenen geodätischen Saughöhen die tatsächlichen Werte für die Förderströme und die Förderdrücke der zu beurteilenden Feuerlöschkreiselpumpen ermittelt und in einem Diagramm als sogenannte Pumpenkennlinien dargestellt. Die Feuerlöschkreiselpumpen fördern dabei verschiedene Fördermengen, zu der sich bestimmte Förderdrücke ergeben, so dass die unterschiedlichen Messwerte in einem Diagramm zu einer Linie verbunden werden können. Jeder auf und unterhalb der Kurven liegende Wert kann von den Pumpen erreicht werden.

6.8 Einsatzhinweise

Grundsätzlich sind beim Betreiben von Feuerlöschkreiselpumpen die Bedienungsanleitungen der Hersteller zu beachten. Diese beinhalten alle Informationen, die für den Betrieb der Pumpen benötigt werden. Eine unsachgemäße Bedienung oder eigenmächtige Veränderungen führt in der Regel zu einem Haftungsausschluss des Herstellers für sich daraus ergebende Schäden. Die nachfolgend beschriebenen Hinweise können je nach Bedienungsanleitung in einigen Punkten abweichen. Entscheidend und verbindlich sind immer die Hinweise der Bedienungsanleitungen der Hersteller.

Inbetriebnahme
- Feststellbremse des Löschfahrzeuges betätigen
- Fahrzeugmotor im Leerlauf weiterlaufen lassen
- Blindkupplungen vom A-Sauganschluss und von den B-Druckanschlüssen abnehmen
- Absperreinrichtungen der B-Druckanschlüsse schließen
- Entwässerungshahn unter dem A-Sauganschluss schließen
- Erforderliche Schlauchleitungen ankuppeln
- Feuerlöschkreiselpumpe über den Nebenantrieb einschalten

Betriebsart Tankbetrieb
- Absperreinrichtung für Sauganschluss auf „Tankbetrieb" stellen
- Abgehende Schlauchleitung/-en am jeweiligen B-Druckanschluss ankuppeln
- Feuerlöschkreiselpumpe – wie zuvor beschrieben – in Betrieb nehmen
- Vorgesehene Absperreinrichtung (B-Druckventil, Kugelhahn, ...) öffnen
- Vorgegebenen Ausgangsdruck über die Motordrehzahl einregeln
- Füllstand des Löschwasserbehälters fortlaufend kontrollieren

Betriebsart Hydrantenbetrieb (oder Reihenschaltung)
- Absperreinrichtung für Sauganschluss auf „Saugbetrieb" stellen
- Ankommende Schlauchleitung/-en mit einem Sammelstück am A-Sauganschluss ankuppeln
- Abgehende Schlauchleitung/-en am jeweiligen B-Druckanschluss ankuppeln
- Feuerlöschkreiselpumpe – wie zuvor beschrieben – in Betrieb nehmen
- Wenn ankommendes Wasser in die Pumpe einströmt, vorgesehene Absperreinrichtung (B-Druckventil) langsam bis zum Anschlag öffnen
- Vorgegebenen Ausgangsdruck über die Motordrehzahl einregeln

Für den wirksamen Einsatz im Saugbetrieb sind die Löschfahrzeuge so nah wie möglich an die vorgesehene Wasserentnahmestellen heranzufahren und sicher abzustellen. Dabei sollte auch eine möglichst geringe Saughöhe angestrebt werden. Bei der Wasserentnahme aus offenen Gewässern ist darauf zu achten, dass die Saugleitung kurzgehalten und geradlinig verlegt wird sowie möglichst tief und entgegen der Fließrichtung des Gewässers liegt.

Betriebsart Saugbetrieb

- Absperreinrichtung für Sauganschluss auf „Saugbetrieb" stellen
- Saugleitung am A-Sauganschluss ankuppeln
- Abgehende Schlauchleitung/-en am jeweiligen B-Druckanschluss ankuppeln
- Feuerlöschkreiselpumpe – wie zuvor beschrieben – in Betrieb nehmen
- Drehzahl für den Ansaugvorgang mit der Einstellvorrichtung für die Motordrehzahl einstellen und Ansaugvorgang starten
- Saugleitung und Feuerlöschkreiselpumpe entlüften
- Nach Beenden des Ansaugvorgangs und Druckaufbau in der Pumpe Absperreinrichtung (B-Druckventil) langsam bis zum Anschlag öffnen
- Vorgegebenen Ausgangsdruck über die Motordrehzahl einregeln

Der Maschinist verbleibt während des Betriebes im Bereich des Bedienfeldes der Feuerlöschkreiselpumpe, beobachtet laufend das Eingangs- und Ausgangsdruckmessgerät sowie die Anzeigen, Warn- und Kontrollleuchten und überwacht den bestimmungsgemäßen Betrieb der Feuerlöschkreiselpumpe.

Außerbetriebnahme

- Leerlaufdrehzahl mit dem Gashebel/der Einstellvorrichtung für die Motordrehzahl einstellen
- Feuerlöschkreiselpumpe über den Nebenantrieb ausschalten
- Absperreinrichtungen (B-Druckventile) an die B-Druckanschlüsse schließen
- Saug- und druckseitige Schlauchleitungen abkuppeln
- Ablasshahn unter dem Sauganschluss öffnen, Pumpe vollständig entwässern, Ablasshahn danach geöffnet lassen
- Absperreinrichtungen (B-Druckventile) der B-Druckanschlüsse etwas öffnen
- Blindkupplungen am A-Sauganschluss und den B-Druckanschlüssen ankuppeln

■ Auftreten von Kavitation

Kavitation (lateinisch cavitare = aushöhlen) ist die unvermittelte Bildung und das Zusammenbrechen von Dampfblasen in schnell strömenden Flüssigkeiten, bei denen der Druck in der Flüssigkeit so weit herabgesetzt ist, dass er den Dampfdruck der strömenden Flüssigkeit unterschreitet. Übersteigt der Druck in der Flüssigkeit wieder den Dampfdruck der Flüssigkeit, so brechen die Dampfblasen schlagartig in sich zusammen. Entsteht im Saugraum vor dem Laufrad ein hoher Unterdruck, können im Wasser Dampfblasen entstehen, die mit dem Förderstrom durch das Laufrad in das Leitrad fließen. Die dort erfolgende Druckerhöhung hat zur Folge, dass die Dampfblasen schlagartig zusammenfallen und die Oberflächen am Ausgang der Laufradkanäle oder am Eingang des Leitrades durch die hohen mechanischen Beanspruchungen an mikroskopisch kleinen Stellen beschädigt werden.

Beim Saugbetrieb kann Kavitation vor allem beim Erzeugen zu großer Förderströme (viele angeschlossene Strahlrohre), bei zu hohen geodätischen Saughöhen (oder verstopftem Saugkorb) entstehen, oder bei freiem Auslauf des geförderten Wassers (Lenzbetrieb oder geplatzter Druckschlauch), bei dem mehr Wasser abgegeben wird als der Luftdruck in die Pumpen nachdrücken kann. Beim Hydrantenbetrieb, bei dem das zu fördernde Wasser den Pumpen über Druckleitungen zugeführt wird, ist die Gefahr der Entstehung von Kavitation nicht gegeben, da sich bei einer zu hohen Wasserabgabe und abnehmendem Eingangsdruck die Druckleitung „zusammenklappen“ wird und eine weitere Wasserförderung zum Erliegen kommt.

Wird vom Maschinisten eine Kavitation erkannt – vor allem durch das Auftreten von unüblichen prasselnden oder kreischenden Geräuschen in den Feuerlöschkreiselpumpen – ist die Drehzahl der Feuerlöschkreiselpumpen und somit auch der Förderstrom sofort zu verringern. Darüber hinaus kann durch Verringerung des Ausgangsquerschnittes an den Druckausgängen ein entsprechender Gegendruck geschaffen werden, zum Beispiel das langsame Schließen der Absperreinrichtungen (B-Druckventile).

6.9 Regelmäßige Prüfungen

Feuerlöschkreiselpumpen müssen in regelmäßigen Zeitabständen und bei Bedarf geprüft werden, um ihre Funktionssicherheit und ständige Einsatzbereitschaft zu gewährleisten. Nach Reparaturen, Wartungsarbeiten oder längeren Einsätzen sollten neben den allgemeinen Sicht- und Funktionsprüfungen auch Trockensaugprüfungen und Druckprüfungen durchgeführt werden.

■ Trockensaugprüfung

Eine Trockensaugprüfung wird zur Ermittlung von Störungen oder Beschädigungen, zur Kontrolle der Dichtheit des Pumpenaggregates und zur Funktionsprüfung der Entlüftungseinrichtung ohne Nutzung einer Wasserentnahmestelle und ohne Anschluss von Schläuchen durchgeführt.

Trockensaugprüfung

- Feuerlöschkreiselpumpe gründlich entwässern
- Blindkupplungen von den B-Druckanschlüssen abnehmen
- Absperreinrichtungen (B-Druckventile, ...) und Ablasshahn schließen
- A-Sauganschluss mit Blindkupplung verschließen
- Feuerlöschkreiselpumpe und Entlüftungseinrichtung in Betrieb nehmen
- Druck am Eingangsdruckmessgerät ablesen
- **Innerhalb von 30 Sekunden muss ein Druck von mindestens minus 0,8 Bar erzeugt werden**
- Entlüftungseinrichtung ausschalten
- Antriebsmotor abstellen
- Druck am Eingangsdruckmessgerät nach 60 Sekunden erneut ablesen
- **Innerhalb der 60 Sekunden darf der zuvor erreichte Druck nicht mehr als 0,1 Bar abnehmen**

■ Druckprüfung

Werden die Prüfbedingungen einer Trockensaugprüfung nicht erreicht oder bestehen Zweifel an der Dichtigkeit einer Feuerlöschkreiselpumpe, wird eine Druckprüfung bei stillstehender (statischer Prüfdruck) beziehungsweise laufender Pumpe (dynamischer Prüfdruck) durchgeführt.

Statische Druckprüfung
- Blindkupplungen von den B-Druckanschlüssen abnehmen
- Absperreinrichtungen (B-Druckventile, ...) und Ablasshahn schließen
- Wasser mit Druck über eine zweite Feuerlöschkreiselpumpe in den A-Sauganschluss leiten
- Absperreinrichtungen kurz öffnen, damit Luftpolster entweichen
- **Stillstehende Feuerlöschkreiselpumpe mit 1,5-fachem Nennförderdruck beaufschlagen**
- Druck für die Dauer von 5 Minuten gleichbleibend halten
- Undichte/mangelhafte/beschädigte Stellen ermitteln

Dynamische Druckprüfung
- Blindkupplungen von den B-Druckanschlüssen abnehmen
- Absperreinrichtungen (B-Druckventile, ...) und Ablasshahn schließen
- Wasser mit Druck über eine zweite Feuerlöschkreiselpumpe in den A-Sauganschluss leiten
- **Laufende Feuerlöschkreiselpumpe mit jeweiligen dynamischen Prüfdruck beaufschlagen**
- Absperreinrichtungen kurz öffnen, damit Luftpolster entweichen
- Druck für die Dauer von 1 Minute gleichbleibend halten
- Undichte/mangelhafte/beschädigte Stellen ermitteln

Die Schließdruckprüfung wird zur Überprüfung des maximalen Ausgangsdrucks, der mit einer Feuerlöschkreiselpumpe erreicht wird, bei geschlossenen Druckausgängen durchgeführt.

Schließdruckprüfung
- Feuerlöschkreiselpumpe in Betrieb nehmen
- Feuerlöschkreiselpumpe durch kurze Wasserförderung vollkommen mit Wasser füllen
- Absperreinrichtungen (B-Druckventile, ...) und Ablasshahn schließen
- Antriebsmotor kurzzeitig auf Höchstdrehzahl bringen
- Erreichten Druck am Ausgangsdruckmessgerät ablesen
- **Schließdruck muss je nach Typ der Feuerlöschkreiselpumpe zwischen 6 und 54,5 Bar liegen**

6.10 Selbstkontrolle und Testfragen

(Lösungen siehe Seite 111)

1. Welche Arten von Feuerlöschkreiselpumpen werden unterschieden?

a) Normaldruckpumpen mit Entlüftungseinrichtung
b) Normaldruckpumpen ohne Entlüftungseinrichtung
c) Verstärkerpumpen mit Entlüftungseinrichtung
d) Verstärkerpumpen ohne Entlüftungseinrichtung
e) Hochdruckpumpe mit Entlüftungseinrichtung

2. Welche Feuerlöschkreiselpumpen gemäß DIN EN 1028 werden von den Feuerwehren verwendet?

a) FPN 10-750
b) FPN 16-800
c) FPH 40-250
d) FP 16/8

3. Welche Bauteile gehören zu einer Feuerlöschkreiselpumpe?

a) Pumpengehäuse mit Laufapparat und Druckwelle
b) Pumpengehäuse mit Ablasshahn und Druckabgängen
c) Druckstufe mit Laufrad und Leitrad
d) Selbstschließende Absperreinrichtungen an den Druckeingängen
e) Selbstschließende Absperreinrichtungen an den Druckausgängen

4. Welche Arten von Entlüftungseinrichtungen werden für Feuerlöschkreiselpumpen verwendet?

a) Doppelkolben-Entlüftungspumpe
b) Handgaspumpe
c) Membran-Entlüftungspumpe
d) Kolbenansaugpumpe
e) Flüssigkeitsgaspumpe

5. Welche Erläuterung gilt für den Förderdruck?

a) Unterschied zwischen dem Luftdruck und dem Eingangsdruck
b) Unterschied zwischen dem Ausgangsdruck und dem Eingangsdruck
c) Festgelegte Druck für den Nennförderstrom
d) Druck am Saugeingang der Pumpe
e) Druck am B-Druckausgang der Pumpe

6. Was ist ein Garantiepunkt?

a) Der Zeitpunkt des Ablaufs der Herstellergarantie
b) Die Dauer der Herstellergarantie
c) Eine bestimmte Leistung, die eine Feuerlöschkreiselpumpen mindestens erbringen muss
d) Eine bestimmte Wassermenge, die eine Feuerlöschkreiselpumpen mindestens fördern muss

7. Welche Prüfungen kann der Maschinist unmittelbar an einer Feuerlöschkreiselpumpe durchführen (ohne Pumpenprüfstand)?

a) Die Trockensaugprüfung
b) Die statische und dynamische Druckprüfung
c) Die Schließdruckprüfung
d) Die Leistungsdruckprüfung
e) Die Abnahmeprüfung

8. Wodurch kann Kavitation in einer Feuerlöschkreiselpumpe entstehen?

a) Durch Erzeugen sehr großer Förderströme
b) Durch Erzeugen sehr kleiner Förderströme
c) Durch eine niedrige geodätische Saughöhe
d) Durch eine hohe geodätische Saughöhe
e) Durch freien Auslauf des geförderten Wassers am Druckausgang
f) Durch freien Auslauf des geförderten Wassers am Druckeingang

7 Wasserförderung

Die Wasserförderung ist der Transport von Löschwasser von einer Entnahmestelle (Hydrant, Löschwasserbehälter, Gewässer, ...) bis zu einer Abgabestelle (Strahlrohre, ...). Aufgabe der Wasserförderung ist es, eine Einsatzstelle mit einer ausreichenden Löschwassermenge und einem ausreichenden Druck zu versorgen. Die Wasserförderung gliedert sich in die Teilbereiche Wasserentnahme, Wasserfortleitung und Wasserabgabe.

7.1 Wasserentnahme

Das an einer Einsatzstelle benötigte Löschwasser wird von den Feuerwehren entweder auf Löschfahrzeugen mitgeführt oder aus Löschwasserentnahmestellen zur Einsatzstelle gefördert. Die notwendige Löschwassermenge ergibt sich aus der Anzahl und Art der für die Brandbekämpfung benötigten Strahlrohre und der wahrscheinlichen Dauer ihres Einsatzes.

7.1.1 Wasserentnahme aus Löschfahrzeugen

Für die schnelle Einleitung einer Brandbekämpfung oder für eine Brandbekämpfung, bei der nur wenige Strahlrohre eingesetzt werden, ist die Wasserentnahme aus dem Löschwasserbehälter eines Löschfahrzeuges oftmals ausreichend. Das Löschwasser ist schnell und ortsunabhängig verfügbar, jedoch in der Menge begrenzt.

7.1.2 Wasserentnahme aus Hydranten

Bei den meisten Einsätzen wird das benötigte Löschwasser über Hydranten aus den Rohrleitungen der Trinkwasserversorgung (Sammelwasserversorgung) entnommen. Die Entnahme erfolgt über Unterflurhydranten (mit Standrohr) oder Überflurhydranten, die in Abhängigkeit von bestimmten Anforderungen in das Rohrnetz eingebaut werden. Das aus Hydranten entnommene Löschwasser wird durch B-Druckschläuche (gegebenenfalls auch als Doppelleitung) über ein angekuppeltes Sammelstück dem Saugeingang einer Feuerlöschkreiselpumpe zugeführt.

■ Trinkwasserschutz

Wird von der Feuerwehr Wasser aus Rohrleitungen der Trinkwasserversorgung entnommen, muss verhindert werden, dass Wasser zurückfließt, wenn der Druck in den Rohrleitungen niedriger als in den verlegten Schlauchleitungen ist. Ursache hierfür können Druckstöße in den Schlauchleitungen sein, die zum Beispiel beim zu schnellen Schließen von Armaturen, Strahlrohren oder Ventilen entstehen. Zum Schutz des Trinkwassers vor Verunreinigungen müssen deshalb Systemtrenner gemäß DIN 14346 „Feuerwehrwesen – Mobile Systemtrenner B-FW“ verwendet werden. Ein Systemtrenner besteht aus einem Gehäuse mit druckgesteuertem Auslassventil, einem drehbaren Knaggenteil mit B-Druckkupplung und Schutzsieb an der Eingangsseite und einer Festkupplung B an der Ausgangsseite.

Abbildung 17:
Mobiler Systemtrenner B-FW (Quelle: AWG Fittings GmbH, Ballendorf)

Ein Systemtrenner wird bei der Wasserentnahme direkt am Standrohr beziehungsweise am Überflurhydrant in die verlegte Schlauchleitung eingekuppelt. Dabei ist die markierte Durchflussrichtung auf dem Systemtrenner zu beachten. Kommt es zu einem Druckunterschied zwischen der Rohrleitung der Trinkwasserversorgung und der verlegten Schlauchleitung, schließt der Systemtrenner automatisch und verhindert, dass Wasser von der Ausgangsseite des Systemtrenners in die Rohrleitung zurückfließt. Zur Druckentlastung in der verlegten Schlauchleitung öffnet sich das Auslassventil im Gehäuse des Systemtrenners und lässt Wasser abströmen.

7.1.3 Wasserentnahme aus anderen Entnahmestellen

Ist die Wasserlieferung aus den Rohrleitungen der Trinkwasserversorgung für die Brandbekämpfung hinsichtlich der Menge oder des Druckes nicht ausreichend, müssen die Feuerwehren im Einsatz auf erschöpfliche oder unerschöpfliche Entnahmestellen zurückgreifen, zum Beispiel auf offene Gewässer, Löschwasserteiche, -brunnen oder -behälter. Die Wasserentnahme erfolgt dann über Feuerlöschkreiselpumpen im Saugbetrieb aus entsprechend eingerichteten Löschwasserentnahmestellen oder unmittelbar aus einem offenen Gewässer. Im Saugbetrieb werden der Pumpenraum der Feuerlöschkreiselpumpe und die im Wasser eingetauchte Saugleitung entlüftet. Durch die Einwirkung des äußeren Luftdrucks werden die Saugleitung und die Feuerlöschkreiselpumpe anschließend mit Wasser gefüllt.

■ Luftdruck

Die Erde ist von einer Lufthülle umgeben, die aufgrund ihrer Masse einen Druck auf die Erdoberfläche ausübt. In Meereshöhe (NN) lastet unter Normalbedingungen auf jedem Quadratzentimeter der Erdoberfläche eine Luftsäule mit einer Masse von 1,033 Kilogramm. Dies ergibt einem Druck von 1013 Hektopascal und entspricht wiederum einem Druck, den eine Wassersäule von 10,33 Meter Höhe auf diese Fläche ausübt.

■ Entlüften

Durch das Entlüften wird die Luft aus der Saugleitung „entfernt". Vor dem Entlüften herrscht innerhalb und außerhalb der Saugleitung der gleiche Luftdruck – es besteht ein Gleichgewicht. Durch Entlüften verringert sich der Luftdruck in der Saugleitung und der außerhalb der Saugleitung auf die Wasseroberfläche wirkende Luftdruck drückt das Wasser in die Saugleitung.

■ Saughöhen

Aus dem Luftdruck lässt sich für den Saugvorgang ableiten, dass bei einem auf der Wasseroberfläche wirkenden Luftdruck von 1033 Hektopascal dieser theoretisch in der Lage ist, das Wasser in einer vollständig luftleeren Saugleitung 10,33 Meter hochzudrücken. Daraus ergibt sich eine maximal erreichbare **theoretische Saughöhe** von 10,33 Meter. In der Praxis wird dieser Wert aber nicht erreicht, da Verluste durch innere und äußere Einflüsse berücksichtigt werden müssen. Zu den inneren Verlusten gehören die Leistungsfähigkeit der Entlüftungseinrichtung, Undichtigkeiten an Schläuchen, Armaturen und Kupplungen sowie Verluste durch Reibung. Zu den äußeren Einflüssen gehören die Wetterlage, die Höhenlage (Ortslage) und die Wassertemperatur. Die erreichbare **praktische Saughöhe** beträgt daher nur etwa 8,00 Meter.

Der messbare senkrechte Abstand (in Metern) zwischen dem saugseitigen Wasserspiegel und der Laufradmitte einer Feuerlöschkreiselpumpe wird als **geodätische Saughöhe** ($H_{s\,geo}$) bezeichnet.

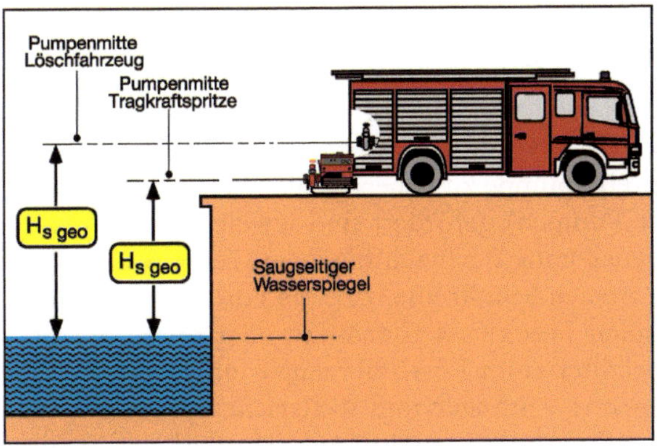

Abbildung 18:
Geodätische Saughöhe
(Quelle: Freynik, de Vries; aus de Vries et al., Wasserförderung über lange Wegstrecke, Landsberg 2004)

Die geodätische Saughöhe ist unabhängig vom Verlauf und der Länge der angeschlossenen Saugleitung. Die Größe der geodätischen Saughöhe kann sich im Verlauf einer Löschwasserentnahme ändern, wenn zum Beispiel der saugseitige Wasserspiegel steigt oder abnimmt.

Außerdem ist sie abhängig von der Art der verwendeten Feuerlöschkreiselpumpe (Fahrzeugeinbaupumpe oder Tragkraftspritze), das heißt, von der Lage der jeweiligen Laufradmitte. Im Einsatz ist darauf zu achten, dass eine möglichst geringe geodätische Saughöhe erreicht wird.

Beim Saugbetrieb zeigt das Eingangsdruckmessgerät einer Feuerlöschkreiselpumpe eine größere Saughöhe als die tatsächliche geodätische Saughöhe an. Dies ergibt sich durch die im Betrieb auftretenden Verluste, insbesondere die Strömungsverluste. Diese **manometrische Saughöhe** kann am Eingangsdruckmessgerät der Feuerlöschkreiselpumpe als Druckwert abgelesen werden, zum Beispiel minus 0,46 Bar für 4,60 Meter.

7.2 Wasserfortleitung

Nach der Wasserentnahme aus einem Löschfahrzeug, einem Hydranten oder einer anderen Wasserentnahmestelle wird das Löschwasser durch den Druck, den die Feuerlöschkreiselpumpe erzeugt, mittels Druckschläuchen (üblicherweise B-Druckschläuche) in Richtung Einsatzstelle gefördert.

7.2.1 Arten der Wasserförderung

Bei einer **geschlossenen Schaltreihe** wird eine durchgehende Förderleitung von der Wasserentnahmestelle bis zur Einsatzstelle verlegt. Das Löschwasser wird dabei von Feuerlöschkreiselpumpe zu Feuerlöschkreiselpumpe (Hintereinanderschaltung mehrerer Pumpen) gefördert und jeweils über ein Sammelstück direkt dem Pumpeneingang der nachfolgenden Feuerlöschkreiselpumpe zugeführt. Bei einer **offenen Schaltreihe** wird die Förderleitung durch den Einsatz von transportablen Löschwasserbehältern oder durch das Einleiten in den Löschwasserbehälter eines Löschfahrzeuges unterbrochen. An diesen Behältern sind ein erneutes Ansaugen und Weiterleiten des Löschwassers durch eine nachfolgende Feuerlöschkreiselpumpe erforderlich. Darüber hinaus kann Löschwasser auch im **Pendelverkehr** mit wasserführenden Fahrzeugen (Tanklöschfahrzeuge, ...) von einer Wasserentnahmestelle zu einer weiter entfernten Einsatzstelle transportiert werden.

7.2.2 Begriffe für Entfernungen

Bei der Wasserfortleitung kann es erforderlich sein, auch größere Entfernungen zu überbrücken. Die Förderstrecke ist die Länge der verlegten Schlauchlänge (gemessen in Meter), über die das Wasser mit Hilfe der Feuerlöschkreiselpumpen und unter den vorliegenden örtlichen Verhältnissen gefördert werden muss. Dabei ist der Druckverbrauch, der sich aus den Druckverlusten und dem Druckbedarf ergibt, zu berücksichtigen. Die insgesamt aufzubauende Förderstrecke wird dabei in bestimmte Streckenabschnitte (gemessen in Metern) unterteilt.

- **Einfache Förderstrecke** – die Förderleitung wird von einer Wasserentnahmestelle, zum Beispiel einem Hydranten, über eine Feuerlöschkreiselpumpe, zum Beispiel eine Fahrzeugeinbaupumpe oder eine Tragkraftspritze, bis zu einer Abgabestelle, zum Beispiel dem Verteiler an der Brandstelle, verlegt.
- **Lange Förderstrecke** – die Förderleitung wird von einer Wasserentnahmestelle, zum Beispiel einem Hydranten, über mehrere Feuerlöschkreiselpumpen, zum Beispiel Fahrzeugeinbaupumpen und/oder Tragkraftspritzen, bis zu einer Abgabestelle, zum Beispiel dem Verteiler an der Brandstelle, verlegt.
- **Teilstrecke** – der Streckenabschnitt von einer Wasserentnahmestelle, zum Beispiel einem Hydranten, bis zur ersten Feuerlöschkreiselpumpe oder der Streckenabschnitt zwischen jeweils zwei folgenden Feuerlöschkreiselpumpen.
- **Brandstellenstrecke** – der Streckenabschnitt von der letzten Feuerlöschkreiselpumpe bis zum Verteiler an der Brandstelle. Der Streckenabschnitt vom Verteiler bis zu den Strahlrohren bleibt bei der Wasserförderung meist unberücksichtigt.
- **Gesamtförderstrecke** – die Gesamtförderstrecke setzt sich aus der Teilstrecke von der Wasserentnahmestelle bis zur ersten Feuerlöschkreiselpumpe, den Teilstrecken zwischen den nachfolgenden Pumpen und der Brandstellenstrecke zusammen.

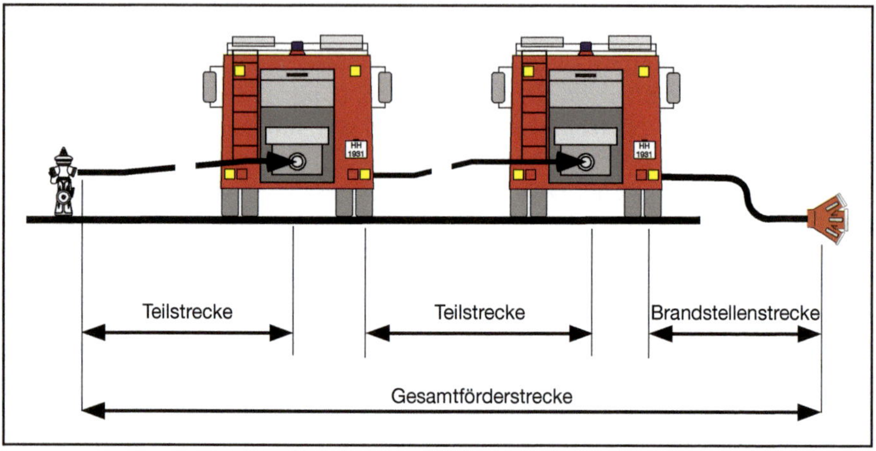

Abbildung 19: Begriffe für Entfernungen (Quelle: Freynik, de Vries; aus de Vries et al., Wasserförderung über lange Wegstrecke, Landsberg 2004)

7.2.3 Begriffe für Drücke

In den eingesetzten Feuerlöschkreiselpumpen wird der für die Wasserförderung erforderliche Druck aufgebaut, der notwendig ist, um das Wasser zu fördern, gegebenenfalls vorliegende Höhenunterschiede zu überwinden und die Druckverluste durch Reibung auszugleichen. Die Drücke (angegeben in Bar) werden am Eingangs- oder Ausgangsdruckmessgerät einer Feuerlöschkreiselpumpe angezeigt oder sie werden errechnet.

- **Eingangsdruck** (p_e) – der Druck am Saugeingang einer Feuerlöschkreiselpumpe, angezeigt durch das Eingangsdruckmessgerät. Der rote Skalenbereich zeigt den Eingangsdruck beim Saugvorgang als negativen Wert an, der schwarze Skalenbereich den Eingangsdruck bei der Wasserzuführung über Druckschläuche als positiven Wert. Dieser Eingangsdruck ist üblicherweise auf 1,5 Bar festgelegt.
- **Ausgangsdruck** (p_a) – der Druck am Druckausgang einer Feuerlöschkreiselpumpe, angezeigt durch das Ausgangsdruckmessgerät. Bei der Wasserförderung über längere Strecken sollte der Ausgangsdruck an den Feuerlöschkreiselpumpen jeweils 10 Bar betragen.

- **Förderdruck** *(p)* – der errechnete Druck, der durch die Feuerlöschkreiselpumpe erzeugt wird, erkennbar am Unterschied zwischen dem Eingangs- und dem Ausgangsdruck. Bekommt die Feuerlöschkreiselpumpe das Wasser unter einem bestimmten Eingangsdruck zugeführt, kann dieser dem Förderdruck zugerechnet werden. Das Wasser verlässt die Pumpe dann mit einem entsprechenden Ausgangsdruck.
- **Nennförderdruck** *(p_N)* – der festgelegte Druck, den eine Feuerlöschkreiselpumpe für den Nennförderstrom aufbringen muss, zum Beispiel bei einer Feuerlöschkreiselpumpe FPN 10-1000 gleich 10 Bar.
- **Verfügbarer Druck** *(p_V)* – der verfügbare Druck innerhalb einer Förderstrecke, der sich aus dem Druckangebot der Feuerlöschkreiselpumpen ergibt, das heißt, aus dem Ausgangsdruck und dem Druckbedarf; entweder als Eingangsdruck an der nächsten Pumpe oder als notwendiger Strahlrohrdruck. Der verfügbare Druck ist für die Überwindung von Strecken (Druckverluste durch Reibung) und von Höhenunterschieden (Druckverlust/-gewinn durch Höhenunterschied) verfügbar.
- **Strahlrohrdruck** *(p_{Str})* – der Druck, der am Strahlrohr anstehen muss, um einen löschwirksamen Wasserstrahl mit entsprechender Wurfweite und Eindringkraft zu erzeugen. Bei den Berechnungen für die Löschwasserförderung wird dieser Druck für alle Strahlrohrgrößen auf 5 Bar (bei Hohlstrahlrohren auf 6 Bar) festgelegt und muss vereinfacht mindestens am Verteiler anliegen. Für die Strecke zwischen dem Verteiler und den Strahlrohren kann in der Praxis. zusätzlich 1 Bar berechnet werden.
- **Druckverlust/-gewinn durch Höhenunterschiede** *(p_{geo})* – der Druck, der zur Überwindung von Höhenunterschieden im Gelände oder in Gebäuden erforderlich ist. Er beträgt je Meter Höhenunterschied 0,1 Bar. Bei einer Steigung, bei der das Wasser nach oben gedrückt werden muss, ergibt sich ein Druckverlust von 1 Bar je 10 Meter Höhenunterschied. Bei einem Gefälle ergibt sich ein Druckgewinn von 1 Bar je 10 Meter Höhenunterschied.
- **Druckverlust durch Reibung** *(p_R)* – entsteht durch die innere Reibung des Wassers und die Reibung an der Schlauchwand, wenn Wasser eine Schlauchleitung durchströmt. Die Größe des Druckverlustes durch Reibung ist abhängig von:

- dem **Durchmesser der Schläuche** – je kleiner der Durchmesser, umso größer der Druckverlust durch Reibung,
- der **Oberfläche im Innern der Schläuche** – je rauer die innere Wandung, umso größer ist der Druckverlust durch Reibung,
- der **Länge der Schlauchstrecke** – je länger die Schlauchstrecke, umso größer ist der Druckverlust durch Reibung,
- dem **Förderstrom** – je mehr Wasser durch die Schlauchleitung fließt, umso größer ist der Druckverlust durch Reibung.

Tabelle 4: Druckverlust durch Reibung p_R (pro 100 Meter Schlauchlänge)

Förderstrom Q	Druckschlauch B	Druckschlauch C 52	Druckschlauch C 42
200 L/min	0,1 bar	0,6 bar	2,3 bar
400 L/min	0,3 bar	2,0 bar	8,8 bar
800 L/min	1,1 bar[1)]	8,5 bar	
1.200 L/min	2,5 bar		
1.600 L/min	4,5 bar		

[1)] Für die Berechnung von Förderstrecken wird vereinfacht mit **1,0 Bar** gerechnet.

7.2.4 Begriffe für Wassermengen

Von den Feuerlöschkreiselpumpen wird eine bestimmte, vom Einsatzleiter aufgrund taktischer Überlegungen festgelegte Wassermenge (angegeben in Liter) durch die Schlauchleitungen transportiert.

- **Förderstrom** *(Q)* – die Wassermenge, die innerhalb einer Minute durch eine Schlauchleitung strömt. Der Förderstrom wird über die Art, die Größe und die Anzahl der eingesetzten Strahlrohre bestimmt.
- **Nennförderstrom** (Q_N) – der festgelegte Förderstrom, den eine Feuerlöschkreiselpumpe bei Nennförderdruck, Nenndrehzahl und geodätischer Nennsaughöhe aufbringen muss, zum Beispiel bei einer FPN 10-1000 gleich 1.000 Liter pro Minute.

7.3 Wasserabgabe

Nach dem Transport einer bestimmten Wassermenge durch die Schlauchleitungen erfolgt die Wasserabgabe an der Einsatzstelle, entweder über Strahlrohre oder in einen Löschwasserbehälter. Die Größe dieser Wassermenge ergibt sich in der Regel aus der Anzahl der über die Schlauchleitung zu versorgenden Strahlrohre und der Art und Größe dieser Strahlrohre. Die gemäß DIN EN 15182 genormten Strahlrohre werden in Strahlrohre mit Vollstrahl und/oder einem unveränderlichen Sprühstrahlwinkel (Mehrzweckstrahlrohre) und in Hohlstrahlrohre unterteilt. Sie unterscheiden sich hinsichtlich ihrer Größe, der Anschlusskupplung und ihres Volumenstroms.

Tabelle 5: Volumenstrom von Mehrzweckstrahlrohren

Strahlrohrgröße	Volumenstrom Q[1] mit Mundstück	Volumenstrom Q[1] ohne Mundstück
DM	25 L/min	50 L/min
CM	100 L/min	200 L/min
BM	400 L/min	800 L/min
[1] gerundete Werte für die Verwendung in der Praxis, bei einem Strahlrohrdruck von 5 bar		

Tabelle 6: Volumenstrom von Hohlstrahlrohren

Strahlrohrgröße	Wasserdurchfluss[1]
Festkupplung D	bis zu 100 L/min
Festkupplung C	mehr als 100 L/min und bis zu 235 L/min
Festkupplung B	mehr als 235 L/min und bis zu 400 L/min
[1] bei einem Eingangsdruck am Strahlrohr von 6 bar	

7.4 Selbstkontrolle und Testfragen

(Lösungen siehe Seite 111)

1. Welche Aufgabe hat die Wasserförderung?

a) Versorgung der Einsatzstelle mit möglichst großer Menge Wasser
b) Versorgung der Einsatzstelle mit möglichst großem Druck
c) Möglichst schnelle Versorgung der Einsatzstelle mit Wasser
d) Versorgung der Einsatzstelle mit ausreichender Wassermenge
e) Versorgung der Einsatzstelle mit ausreichendem Druck

2. Welche Entnahmestellen können für die Löschwasserförderung genutzt werden?

a) Löschwasserbehälter eines Löschfahrzeuges
b) Unterflur- und Überflurwandhydranten
c) Offene Gewässer, Bäche, Flüsse oder Teiche
d) Löschwasserteiche, -brunnen oder -behälter

3. Welche Saughöhen werden unterschieden?

a) Die normale Saughöhe von 10,00 Meter
b) Die theoretische Saughöhe von 10,33 Meter
c) Die praktische Saughöhe von etwa 8,00 Meter
d) Die geodätische Saughöhe

4. Welche Arten der Wasserförderung werden unterschieden?

a) Die geschlossene Schaltreihe mit durchgehender Förderleitung
b) Die geschlossene Schaltreihe mit unterbrochener Förderleitung
c) Die offene Schaltreihe mit durchgehender Förderleitung
d) Die offene Schaltreihe mit unterbrochener Förderleitung
e) Die durchgehende Schaltreihe mit geschlossener Förderleitung
f) Die unterbrochene Schaltreihe mit offener Förderleitung

5. Was wird als Brandstellenstrecke bezeichnet?

a) Der Streckenabschnitt von der letzten Pumpe bis zum Strahlrohr
b) Der Streckenabschnitt von der ersten Pumpe bis zum Verteiler
c) Der Streckenabschnitt von der letzten Pumpe bis zum Verteiler
d) Der Streckenabschnitt von der Entnahmestelle bis zur ersten Pumpe

6. Was ist der Förderdruck?

a) Der Druck am Saugeingang der Feuerlöschkreiselpumpe
b) Der Druck am B-Druckausgang der Feuerlöschkreiselpumpe
c) Der Druck, der durch die Feuerlöschkreiselpumpe erzeugt wird
d) Der Druck, der am Strahlrohr anstehen muss

7. Wovon ist der Druckverlust durch Reibung abhängig?

a) Von dem Durchmesser der Schläuche
b) Von der Oberfläche im Innern der Schläuche
c) Von der Länge der Schlauchstrecke
d) Von dem Förderstrom

8. Wie groß ist der Druckverlust durch Höhenzunahme?

a) 0,1 bar je Zentimeter Höhenzunahme
b) 0,1 bar je Meter Höhenzunahme
c) 1,0 bar je Zentimeter Höhenzunahme
d) 1,0 bar je Meter Höhenzunahme

9. Welchen Wasserdurchfluss haben Hohlstrahlrohre?

a) Hohlstrahlrohr mit Festkupplung C – mehr als 100 Liter pro Minute und bis zu Liter pro Minute
b) Hohlstrahlrohr mit Festkupplung B – mehr als 235 Liter pro Minute und bis zu 400 Liter pro Minute
c) Hohlstrahlrohr mit Festkupplung A – mehr als 400 Liter pro Minute und bis zu 800 Liter pro Minute

8 Kraftbetriebene und sonstige Geräte

Für die Brandbekämpfung, die Durchführung von technischen Hilfeleistungen und für sonstige Einsatzmaßnahmen der Feuerwehr sind auf Löschfahrzeugen bestimmte kraftbetriebene Geräte und sonstige Geräte vorhanden, die von Maschinisten bedient werden. Nachfolgend werden die wesentlichen Merkmale, die Funktionen und die Verwendungszwecke der Geräte erläutert, die entsprechend den jeweiligen Normen auf den Löschfahrzeugen mitgeführt werden.

8.1 Tragkraftspritzen

Tragkraftspritzen sind Feuerwehrpumpen mit einer von einem Verbrennungsmotor angetriebenen Feuerlöschkreiselpumpe. Sie können von Einsatzkräften zur Verwendungsstelle getragen und dort abgesetzt vom Fahrzeug betrieben werden. Tragkraftspritzen werden zur Löschwasserentnahme, zur Druckerhöhung bei einer Löschwasserförderung sowie zum Abpumpen von Wasser bei Unwetter- oder Hochwasserlagen verwendet.

Abbildung 20:
Tragkraftspritze PFPN 10-1000 (Quelle: Albert Ziegler GmbH, Giengen)

8.1.1 Einteilung

Tragkraftspritzen werden gemäß DIN EN 14466 genormt, in unterschiedlichen Leistungsklassen hergestellt und entsprechend dem Typ der verwendeten Feuerlöschkreiselpumpe eingeteilt und bezeichnet. Die Kurzbezeichnung setzt sich aus dem Begriff PFPN (**P**ortable **F**ire **P**ump **N**ormal Pressure – tragbare Feuerlöschkreiselpumpe Normaldruck), dem Wert für den Nennförderdruck p_N und dem Wert für den Nennförderstrom Q_N zusammen.

Tabelle 7: Typen der Tragkraftspritzen

Typ	Nennförderdruck p_N	Nennförderstrom Q_N
PFPN 6-500	6 bar	500 L/min
PFPN 10-750	10 bar	750 L/min
PFPN 10-1000	10 bar	1.000 L/min
PFPN 10-1500	10 bar	1.500 L/min

8.1.2 Aufbau

Eine Tragkraftspritze PFPN besteht aus einer Feuerlöschkreiselpumpe mit Entlüftungseinrichtung und der saug- und druckseitigen Bestückung, einem Antriebsmotor (Verbrennungsmotor), einer ein- und ausrückbaren Kupplung, einem Kraftstoffbehälter, den Bedienelementen und Anzeigeinstrumenten, einer Beleuchtung, einer Rahmenkonstruktion und dem Zubehör.

Die verwendete **Feuerlöschkreiselpumpe** und deren Entlüftungseinrichtung müssen hinsichtlich ihrer Ausführung, ihrer Leistung sowie den festgelegten Garantiepunkten den vergleichbaren genormten Fahrzeugeinbaupumpen entsprechen. Der Aufbau und die Arbeitsweise dieser Pumpen werden im Kapitel 6 näher beschrieben. Der **saugseitige Schlauchanschluss** der Tragkraftspritze besteht aus einer Festkupplung A mit eingestecktem Schutzsieb, die **druckseitigen Schlauchanschlüsse** aus Festkupplungen B. Bei Nichtbenutzung der Tragkraftspritze werden die Schlauchanschlüsse mit Blindkupplungen verschlossen.

Tragkraftspritzen werden durch **Verbrennungsmotoren** (meist Viertakt-Benzinmotoren) angetrieben. Zur Vermeidung unzulässig hoher Drehzahlen, zum Beispiel beim Ansaugvorgang, ist ein Drehzahlbegrenzer eingebaut. Darüber hinaus verfügt eine Tragkraftspritze über eine Stoppeinrichtung, die am Bedienfeld betätigt wird. Das Ende des Abgasrohres der Auspuffanlage ist so angeordnet, dass ein abnehmbarer Abgasschlauch angebracht werden kann. Die Antriebsmotoren können mit Elektrostarteinrichtungen und/oder mit rückschlagsicheren Handstarteinrichtungen (Revesier-Seilzugstarter) gestartet werden, wobei die Antriebsmotoren der Tragkraftspritzen mit Elektrostarteinrichtung in der Regel mit einer zusätzlichen Handstarteinrichtung (Notstarteinrichtung) ausgestattet sind. Die Kraftübertragung zwischen dem Antriebsmotor und der Feuerlöschkreiselpumpe wird durch eine während des Betriebes von Hand ein- und ausrückbare **Kupplung** oder über eine automatische Fliehkraftkupplung hergestellt. Durch diese Kupplung ist eine länger dauernde Unterbrechung der Wasserförderung bei weiter laufendem Antriebsmotor möglich.

Der fest eingebaute **Kraftstoffbehälter** ist so bemessen, dass der unabhängige Betrieb einer Tragkraftspritze bei Nennleistung für die Dauer von mindestens einer Stunde sichergestellt ist. Der Einfüllstutzen des Kraftstoffbehälters ist so angeordnet, dass ein leichtes Nachtanken mit Hilfe von Kraftstoffkanistern möglich ist und die Gefahr des Verspritzens und Abtropfens von Kraftstoff auf heiße Teile des Antriebmotors auf ein Mindestmaß herabgesetzt wird. Grundsätzlich sollten jedoch beim Betanken einer Tragkraftspritze der Antriebsmotor abgeschaltet und abgekühlt und der Zündstrom unterbrochen sein, da beim Betanken während des Einsatzes immer eine erhöhte Unfall- und Brandgefahr besteht.

Hinweis: Die in den Bedienungsanleitungen der Hersteller festgelegten Sicherheitsmaßnahmen zum Betanken sind genau zu beachten.

Zur Verlängerung des Betriebs von Tragkraftspritzen wird eine Fremdbetankung empfohlen, die über einen fest an der Tragkraftspritze montierten Anschluss zur externen Versorgung über ein Kraftstoffentnahmegerät aus einem 20-Liter-Kraftstoffkanister erfolgt.

Die **Bedienungselemente und Anzeigeinstrumente** einer Tragkraftspritze sind so angebracht, dass sie vom Bedienfeld aus zu bedienen sind und überblickt werden können. An einer Tragkraftspritze müssen eine Starteinrichtung, mit Kaltstartvorrichtung (falls erforderlich), eine Einstellvorrichtung für die Motordrehzahl (Gashebel oder Drehregler), eine Motorstoppeinrichtung, eine Ladesteckdose (falls erforderlich) und eine Betätigungseinrichtung für den Entlüftungsvorgang vorhanden sein. Weiterhin müssen als Anzeigeinstrumente ein Eingangsdruckmessgerät, ein Ausgangsdruckmessgerät, eine Anzeige für den eingeschalteten Zustand der Entlüftungseinrichtung, eine Kraftstofffüllstandanzeige, Warnleuchten für Öldruck und -stand, Kühlmitteltemperatur und Batterieladung, ein Betriebsstundenzähler und eine Überhitzungsanzeige für den Antriebsmotor vorhanden sein.

Abbildung 21:
Bedienfeld einer Tragkraftspritze (Quelle: Albert Ziegler GmbH, Giengen)

Tragkraftspritzen verfügen oftmals über Zusatzeinrichtungen, die zur Entlastung der Maschinisten beitragen können, zum Beispiel über automatische Pumpendruckregelungen mit Eingangsdrucküberwachungen, Pumpendruckregelungen für konstanten Pumpendruck bei wechselnder Wasserabgabe oder Pumpendruckregelungen durch Druckvorwahl.

Für die **Beleuchtung** des Umfeldes sind Tragkraftspritzen mit Arbeitsstellenscheinwerfern mit einer Nennspannung von 12 Volt ausgerüstet. Diese sind mit einer Anschlussleitung im oberen Bereich der Tragkraftspritzen dreh-, schwenk- und höhenverstellbar sowie abnehmbar angebracht.

Tragkraftspritzen sind mit **Rahmenkonstruktionen** (Tragegestellen) ausgestattet, um sie transportieren zu können. Die Tragegriffe sind waagerecht abklappbar und seitlich schwenkbar oder fest in die Rahmenkonstruktion eingearbeitet. Die unteren Teile der Rahmenkonstruktionen sind kufenförmig ausgeführt und mit den Befestigungsvorrichtungen zur Verlastung der Tragkraftspritzen in Einsatzfahrzeugen versehen. Als **Zubehör** werden entsprechende Werkzeugsätze, Abgasschläuche sowie Bedienungs- und Wartungsanleitungen mitgeliefert.

Alle Stellteile und Fülleinrichtungen einer Tragkraftspritze sind durch Schilder aus Metall oder durch eine Kennzeichnung direkt auf der Oberfläche dauerhaft lesbar. Schmierstellen, Entleerungseinrichtungen und ähnlich sind farblich gekennzeichnet. Warnzeichen und Gefährdungspiktogramme sind ebenfalls dauerhaft an einer Tragkraftspritze angebracht und werden in den Bedienungsanleitungen abgebildet und beschrieben.

8.1.3 Einsatzhinweise

Hinsichtlich des Betreibens von Tragkraftspritzen, der Inbetriebnahme, der Betriebsart Saugbetrieb und der Außerbetriebnahme gelten die gleichen Erläuterungen wie bei den Feuerlöschkreiselpumpen (siehe Kapitel 6.8).

Wird der Antriebsmotor einer Tragkraftspritze mit einer Handkurbel gestartet, sollte zur Vermeidung gefährlicher Kurbelrückschläge eine rückschlagarme Handkurbel-Starteinrichtung eingebaut sein. Bei einem Rückschlag, das heißt, bei einer Linksdrehung des Motors, wird durch diese Handkurbel-Starteinrichtung die Verbindung zwischen der Handkurbel und der Antriebsstelle am Antriebsmotor unterbrochen und die Handkurbel kann danach nicht mehr zurückschlagen. Darüber hinaus gilt, dass die Handkurbeln nicht mit dem Daumen umfasst, sondern der Daumen neben den Zeigefinger gelegt wird, so dass die Handkurbeln bei einem möglichen Rückschlag aus der Hand gleiten können. Beim Starten der Antriebsmotoren mit einem Revesier-Seilzugstarter wird das Startseil am Handgriff langsam herausgezogen, bis der Anschlag (Kompression) spürbar ist. Dann wird das Seil kurz und kräftig herausgezogen und langsam zurückgeführt.

8.2 Tragbare Stromerzeuger

Tragbare Stromerzeuger werden auf Einsatzfahrzeugen mitgeführt und im Rahmen der unterschiedlichen Einsatzmaßnahmen für den netzunabhängigen Betrieb der elektrischen Geräte der Feuerwehr verwendet. Im Gegensatz zu den sonst üblichen Stromerzeugern werden an die Stromerzeuger der Feuerwehr besondere Anforderungen gestellt.

8.2.1 Einteilung

Tragbare Stromerzeuger der Feuerwehr gemäß DIN 14685 sind für den Anschluss von Geräten mit Nennspannungen von 230 und 400 Volt ausgelegt. Sie werden in Bezug auf ihre Nennleistung in Stromerzeuger mit mindestens 5 Kilovoltampere, mit weniger als 5 Kilovoltampere und mit bis zu 2 Kilovoltampere unterteilt. In den Normen für die jeweiligen Einsatzfahrzeuge finden sich die Angaben zur geforderten Nennleistung der mitzuführenden tragbaren Stromerzeuger.

Stromerzeuger 5kVA

Stromerzeuger 13kVA

Abbildung 22: Tragbare Stromerzeuger der Feuerwehr (Quellen: Gemeinschaft Feuerwehrfachhandel Deutschland – gfd®-GmbH, Ludwigsfelde) (links) und Metallwarenfabrik Gemmingen GmbH (rechts))

8.2.2 Aufbau

Ein tragbarer Stromerzeuger besteht aus einem Antriebsmotor (Verbrennungsmotor), einem Kraftstoffbehälter, einem Generator, einem Schaltkasten, einem Tragrahmen und dem jeweiligen Zubehör.

Als **Antriebsmotoren** werden luftgekühlte Ein- oder Zweizylinder-Vierakt-Benzinmotoren (oder auch Dieselmotoren) verwendet. Gestartet werden die Antriebsmotoren mit einer rückschlagsicheren Handstarteinrichtung (Revesier-Seilzugstarter) und/oder einem Elektrostarter. Das Ende des Abgasrohres der Auspuffanlage ist so angeordnet, dass ein abnehmbarer Abgasschlauch angebracht werden kann. Der eingebaute **Kraftstoffbehälter** hat ein festgelegtes Fassungsvermögen, das eine Betriebsdauer von mindestens 1,5 Stunden bei Nennleistung ermöglicht. Der Kraftstofffüllstand wird optisch angezeigt. Zur Verlängerung des Betriebes sind Stromerzeuger je nach Ausführung mit einem fest montierten Dreiwegehahn (oder einer gleichwertigen Einrichtung) mit Schnellkupplungsanschluss ausgerüstet, über den eine Fremdbetankung mit einem Kraftstoffentnahmegerät aus einem 20-Liter-Kanister erfolgen kann.

Der mit dem Antriebsmotor verbundene elektronisch geregelte **Generator** erzeugt eine Nennspannung von 400 Volt (Drehstrom) und 230 Volt (Wechselstrom). Die elektrische Ausrüstung ist in einem **Schaltkasten** auf einer Längsseite des Stromerzeugers zusammengefasst und umfasst (bei einem Stromerzeuger mit mindestens 5 Kilovoltampere Nennleistung) eine Last-/Spannungsanzeige, einen Betriebsstundenzähler, eine Instrumentenbeleuchtung, eine druckwasserdichte Steckdose für 400 Volt (Drehstrom), drei druckwasserdichte Steckdosen für 230 Volt (Wechselstrom), Schutzschalter mit magnetischer und thermischer Auslösung für jede Steckdose, eine Isolationsüberwachung mit optischer Anzeige, akustischer Meldeeinrichtung und Quittiertaste und – je nach Ausführung des Stromerzeugers – eine Schutzleiter-Prüfeinrichtung. Der Antriebsmotor und der damit verbundene Generator sind zusammen mit dem Kraftstoffbehälter und dem Schaltkasten in einem **Tragrahmen** mit vier ausklappbaren Tragegriffen gelagert.

Abbildung 23:
Schaltkasten eines Stromerzeugers (Quelle: Hans Kemper, Geseke)

Für die Tragevorrichtungen sind bestimmte Umrisse und Befestigungspunkte festgelegt, die eine sichere Verlastung der tragbaren Stromerzeuger auf Einsatzfahrzeugen ermöglichen. Das **Zubehör** für tragbare Stromerzeuger besteht jeweils aus einer Bedienungsanleitung, einem Werkzeugsatz mit Aufbewahrungsbehälter am Stromerzeuger, einem Abgasschlauch und gegebenenfalls einem Kraftstoffentnahmegerät.

8.2.3 Schutz vor Berührungsspannung

Die Stromerzeuger der Feuerwehr verfügen zum Schutz vor Berührungsspannungen über die **Schutzeinrichtung „Schutztrennung mit Potentialausgleich“**. Für den sicheren Betrieb eines tragbaren Stromerzeugers und der angeschlossenen elektrischen Geräte ist es von besonderer Bedeutung, dass der Schutzleiter ohne Unterbrechung ist. Die unterbrechungslose Ausführung des Schutzleiters ist deshalb zu prüfen. Dazu sind vor einer Übung und nach einem Einsatz in Abhängigkeit von der Art und Ausführung des Stromerzeugers folgende Prüfungen durchzuführen:

- Bei Stromerzeugern, die nur mit einer Schutzleiter-Prüfeinrichtung ausgerüstet sind, ist eine Schutzleiterprüfung mit einem mitgelieferten Prüfkabel durchzuführen.
- Bei Stromerzeugern, die nur mit einer Isolationsüberwachung ausgerüstet sind, ist eine Prüfung der Isolationsüberwachung durchzuführen.
- Bei Stromerzeugern, die mit einer Prüfeinrichtung zum Prüfen der Funktion der Isolationsüberwachung (zum Beispiel eine Prüftaste) sowie einer Schutzleiter-Prüfeinrichtung ausgerüstet sind (siehe Abbildung 23), ist die Durchführung beider Prüfungen zu empfehlen.

Hinweis: Hinsichtlich der durchzuführenden Prüfungen muss die Bedienungsanleitung des jeweiligen Stromerzeugers **genau** beachtet werden.

8.2.4 Einsatzhinweise

Grundsätzlich sind beim Betreiben von Stromerzeugern die Bedienungsanleitungen der Hersteller zu beachten. Diese beinhalten alle Bedienungs- und Sicherheitshinweise, die für den Betrieb der Stromerzeuger benötigt werden. Die nachfolgend beschriebenen Hinweise können je nach Bedienungsanleitung in einigen Punkten abweichen.

- Während des Betriebes muss der Stromerzeuger auf einem ebenen und rutschfesten Untergrund stehen, Schräglagen sind zu vermeiden.
- Elektrische Betriebsmittel dürfen erst dann am Stromerzeuger angeschlossen beziehungsweise angeschlossene elektrische Betriebsmittel erst dann eingeschaltet werden, wenn der Motor des Stromerzeugers die Nenndrehzahl erreicht hat.
- Um mögliche Motorschäden zu vermeiden, ist ein längerer unbelasteter Betrieb (Leerlauf) des Stromerzeugers zu vermeiden.
- Bei der Außerbetriebnahme des Stromerzeugers ist der Kurzschlussknopf bis zum Stillstand des Motors zu drücken
- Während des Einsatzes darf kein Kraftstoff nachgefüllt werden, solange der Motor noch läuft oder noch heiß ist. Zur Betankung während des Betriebes ist ein Kraftstoffentnahmegerät zu verwenden.

8.3 Tragbare Kettensägen

Tragbaren Kettensägen werden zum Trennen und Einschneiden von Holzbauteilen, zum Öffnen von Wänden, Decken und Fußböden aus Holz oder vergleichbaren Werkstoffen, zum Ablängen von Bauhölzern, zum Fällen von Bäumen, zum Schneiden von Astwerk und auch zum Auftrennen von gefrorenem Eis auf Gewässern verwendet. Von den Feuerwehren werden tragbare Kettensägen gemäß DIN EN ISO 11681-1 eingesetzt, mit Verbrennungsmotor und einer Schwertlänge von etwa 400 Millimeter. Sie bestehen aus einem Motorteil, den Handgriffen, der Sägevorrichtung und den Sicherheitseinrichtungen.

Abbildung 24:
Tragbare Kettensäge
(Quelle: STIHL AG & Co. KG)

Das **Motorteil** besteht aus einem Einzylinder-Zweitakt-Motor mit Kraftstofftank, einer rückschlagsicheren Handstarteinrichtung (Revesier-Seilzugstarter), einem Starthebel (Choke), einem Motorstoppschalter und einem Kettenschmieröltank mit Ölpumpe. Über eine Fliehkraftkupplung wird der Kraftschluss zum Kettenantriebsrad hergestellt. Zum Antrieb der Motoren werden spezielle Kraftstoff-Mischungen gemäß den Vorgaben des Herstellers der Kettensäge verwendet, als Kettenschmieröl teilsynthetische beziehungsweise biologisch abbaubare Haftöle. Im **hinteren Handgriff** sind der Gashebel und die Gashebelsperre zum Festsetzen des Gashebels in der Startstellung untergebracht. Er schützt die Hand des Benutzers vor einer während des Betriebs gerissenen und zurückschlagenden Sägekette und dient als Fußauflage beim Starten der Kettensäge.

Der **vordere Handgriff** dient zum Halten der Kettensäge. Er schützt die Hand des Benutzers vor dem Kontakt mit der Sägekette. Der Handschutz ist beweglich vor dem Handgriff befestigt. Durch die bewusste Berührung des Handrückens mit dem Handschutz oder das Zurückschlagen der Kettensäge wird die Kettenbremse ausgelöst und die Sägekette schlagartig stillgesetzt. Die **Sägekette** ist unterseitig mit Treibgliedern versehen, die vom Kettenantriebsrad erfasst und in der umlaufenden Nut der Führungsschiene weiterbewegt werden. Zur Verminderung des Verschleißes wird während des Betriebes laufend etwas Kettenöl in die Nut der Führungsschiene eingeführt. Über eine Kettenspannvorrichtung in der Führungsschiene (Langloch mit Spannschraube) wird die Sägekette gespannt.

8.4 Trennschleifgeräte

Trennschleifgeräte werden zum Schneiden von Öffnungen oder zum Durchtrennen von Bauteilen aus Metall, Nichteisenmetall, Stein oder aus Beton verwendet. Die von den Feuerwehren verwendeten Trennschleifgeräte entsprechen den in der Industrie und dem Handwerk üblichen Geräten.

Abbildung 25: Trennschleifmaschine mit Elektromotor (Quelle: Robert Bosch GmbH, Gerlingen-Schillerhöhe)

Ein Trennschleifgerät besteht aus einem Motorgehäuse mit einem Elektromotor (Nennspannung 230 Volt), einem Handgriff mit Ein- und Ausschalter, einem Gehäuse mit Winkelgetriebe, einer Schutzhaube mit Feststellschraube, einem Zusatzgriff und einer Anschlussleitung mit druckwasserdichtem Stecker. Auf die Schleifspindel des Winkelgetriebes wird der Aufnahmeflansch für die Trennschleifscheibe (Durchmesser 230 Millimeter) aufgesteckt und die Trennschleifscheibe mit einer Spannmutter befestigt.

8.5 Belüftungsgeräte

Belüftungsgeräte – auch Hochleistungslüfter oder Überdrucklüfter genannt – werden zum Belüften von verrauchten Räumen und Gebäuden eingesetzt. Sie erzeugen einen gerichteten Luftstrom zwischen einer Zuluftöffnung (Tür oder Fenster) vor einem Gebäude und einer Abluftöffnung (Tür, Fenster oder ähnlich) am Gebäude, durch die Rauch und Wärme aus dem Gebäude entweichen können.

Abbildung 26:
Beispiele für ein Belüftungsgerät (Quelle: LEADER GmbH, Kleinblittersdorf)

Ein Belüftungsgerät besteht aus einem Traggestell mit Transportbügel, Kippwinkelverstellung, Standfüßen und Transporträdern, aus einem von einem Schutzgehäuse mit Schutzgitter umschlossenen Lüfterrad und aus der jeweiligen Antriebseinheit. Zum Antrieb des Lüfterrades wird ein Verbrennungsmotor, ein Elektromotor (auch mit Akku-Betrieb) oder eine Wasserturbine verwendet. Durch die jeweilige Größe und Bauform des Lüfterrades wird entweder ein großer Luftkegel mit geringerer Luftgeschwindigkeit („Propellerlüfter“) oder ein kleiner Luftkegel mit jedoch höherer Luftgeschwindigkeit („Turbinenlüfter“) erzeugt.

■ Belüftungsgeräte mit Verbrennungsmotor

Zum Antrieb des Lüfterrades werden Einzylinder-Viertakt- oder Einzylinder-Zweitakt-Motoren verwendet Diese Geräte sind sehr mobil einsetzbar und können unabhängig von Leitungen oder Schläuchen aufgestellt werden. Sie erzeugen jedoch erheblichen Lärm und können nur in begrenztem Umfang in schräger Stellung eingesetzt werden.

Hinweis: Belüftungsgeräte mit Verbrennungsmotoren dürfen nur außerhalb von Gebäuden eingesetzt werden. Damit vermieden wird, dass dabei die entstehenden Abgase des Verbrennungsmotors vom Lüfterrad angesaugt und so in den Luftstrom und in den betroffenen Gebäudebereich gelangen, müssen beim Betrieb dieser Lüftungsgeräte die Abgase immer über einen Abgasschlauch in geeigneter Weise abgeleitet werden.

■ Belüftungsgeräte mit Elektromotor

Zum Antrieb des Lüfterrades werden Elektromotoren (Nennspannung 230 Volt) verwendet. Für den Betrieb der Geräte müssen erst elektrische Leitungen zu einem Stromerzeuger verlegt werden. Gegenüber den Geräten mit Verbrennungsmotoren haben sie aber den Vorteil der geringeren Geräuschentwicklung und der Abgasvermeidung. Weiterhin können sie auch zum Belüften von Gruben, Lichtschächten oder Kanalsystemen, lageunabhängig – auch waagerecht liegend – eingesetzt werden.

■ Belüftungsgeräte mit Akkubetrieb

Zum Antrieb des Lüfterrades werden ebenfalls Elektromotoren (Nennspannung 230 Volt) verwendet. Die Energieversorgung erfolgt entweder über eine Anschlussleitung von einem Stromerzeuger aus oder über die im Gerät eingebauten Nickel-Metallhydrid-Akkumulatoren (NiMH-Akkus). Die Laufzeit im Akku-Betrieb beträgt bei Volllast etwa 20 bis 45 Minuten. Diese Belüftungsgeräte sind im Vergleich zu den sonstigen Geräten sehr kompakt gebaut, leicht tragbar und können schnell in Betrieb genommen werden.

■ Belüftungsgeräte mit Wasserturbine

Zum Antrieb des Lüfterrades werden Wasserturbinen verwendet. Im Gehäuse der Wasserturbinen wird ein mehrflügeliges Turbinenrad durch strömendes Wasser in eine Drehbewegung versetzt. Die Wasserturbinen sind eingangs- und ausgangsseitig jeweils mit einer B-Festkupplung ausgestattet und werden von einem Löschfahrzeug mit Löschwasserbehälter aus betrieben. Dazu wird vom Druckausgang der Feuerlöschkreiselpumpe eine B-Schlauchleitung zur Eingangsseite der Wasserturbine und von der Ausgangsseite eine B-Schlauchleitung zum Tankfüllanschluss des Löschmittelbehälters am Löschfahrzeug verlegt. Für den wirksamen Betrieb des Belüftungsgerätes ist dann ein Druck von etwa 12 Bar erforderlich.

Diese Belüftungsgeräte werden üblicherweise aufrechtstehend betrieben. Sie können aber auch waagerecht liegend eingesetzt werden, zum Beispiel zum Belüften von Gruben, Lichtschächten oder Kanalsystemen. Beim waagerechten Betrieb ist besonders darauf zu achten, dass die angeschlossenen Schläuche nicht abgeknickt werden. Belüftungsgeräte mit Wasserturbine verfügen in der Regel über ein Wassereinspritzsystem, mit dem ein Teil des für den Antrieb verwendeten Wassers bei Bedarf in den erzeugten Luftstrom eingespritzt werden kann. Der dabei erzeugte feine Wassernebel wird zum Beispiel zum Kühlen von Objekten oder zum Niederschlagen von Schadstoffwolken bei Gefahrguteinsätzen eingesetzt.

8.6 Tragbare Tauchmotorpumpen

Tragbare Tauchmotorpumpen gemäß DIN 14425 werden zur Förderung von Wasser im Lenzeinsatz, als Zubringerpumpen für Feuerlöschkreiselpumpen (bei geodätischen Saughöhen größer 8,00 Meter) oder zum Auspumpen von Wasser aus gefluteten Räumen, Kellern, Schächten oder Gruben eingesetzt. Unter dem Begriff „Wasser“ wird auch Schmutzwasser erfasst, also Wasser mit Verunreinigungen durch feste Stoffe oder Öl. Mit Tauchmotorpumpen dürfen jedoch keine brennbaren Flüssigkeiten, Säuren, Laugen oder Lösemittel gefördert werden.

Abbildung 27: Tragbare Tauchmotorpumpe (Quelle: Rosenbauer International AG, Leonding)

Eine tragbare Tauchmotorpumpe besteht aus einem Gehäuse mit einem Tragegriff an der Oberseite, einer nach oben geführten Festkupplung an der Pumpenausgangsseite und einem auswechselbaren Schutzkorb an der Pumpeneingangsseite. Im Gehäuse der Pumpe befindet sich ein Elektromotor mit einer Pumpenwelle, einem Laufrad und einem Leitapparat. Auf dem Gehäuse ist ein Pfeil zur Kennzeichnung der Anrückrichtung dauerhaft angebracht. Von oben führt eine etwa 20 Meter lange Anschlussleitung druckwasserdichter Stecker in das Pumpengehäuse. Tragbare Tauchmotorpumpen werden in die zu fördernden Flüssigkeiten getaucht und können stehend, liegend, eingetaucht oder vollständig untergetaucht betrieben werden. Sie werden hinsichtlich ihrem Nennförderstrom und Nennförderdruck eingeteilt.

Tabelle 8: Typen der genormten tragbaren Tauchmotorpumpen

	Ausführung		
	TP 4/1	**TP 8/1**	**TP 15/1**
Nennförderstrom Q_N	400 L/min	800 L/min	1.500 L/min
Nennförderdruck p_N	1 bar	1 bar	1 bar
Anschlussspannung	230 V	400 V	400 V
Pumpenausgang	Festkupplung B	Festkupplung B	Festkupplung A

8.7 Wasserstrahlpumpe

Wasserstrahlpumpen können zum Fördern von Wasser oder durch Sand, Schlamm oder Schwebstoffe verschmutztes Wasser aus überfluteten Kellern, Schächten oder Gruben eingesetzt werden.

Abbildung 28:
Wasserstrahlpumpe (Quelle: AWG Fittings GmbH, Ballendorf)

Eine Wasserstrahlpumpe besteht aus einem Gehäuse mit einer Festkupplung C für den Eingang des Treibwassers, einer Festkupplung B für den Ausgang des Gesamtwassers und Öffnungen zum Ansaugen des Förderwassers. Das Gehäuse ist drehbar mit dem beidseitigen Saugraum verbunden, Die Ansaugöffnungen sind mit Bodensieben versehen, um Verunreinigungen zurückzuhalten und ein Verstopfen der Treibdüse zu verhindern. Im Gehäuse sind eine Treibdüse und ein Fangrohr angeordnet. Beim Austritt aus der Treibdüse wird das unter Druck eingespeiste Treibwasser beschleunigt, so dass der mit hoher Geschwindigkeit austretende Wasserstrahl einen Unterdruck im Bereich der Düsenöffnung erzeugt. Das umgebende Förderwasser wird „mitgerissen“ und zusammen mit dem Treibwasser durch das Fangrohr und eine angeschlossene B-Schlauchleitung weiter gefördert. Für einen wirksamen Einsatz ist neben den möglichst gradlinig und ohne Knickstellen ausgelegten Druckschläuchen ein Mindestdruck von 3 Bar erforderlich. Das Treibwasser kann von einem Löschfahrzeug mit Löschmittelbehälter oder aus einem Hydranten aufgebracht werden.

Hinweis: Beim Betreiben einer Wasserstrahlpumpe mit Treibwasser aus einem Hydrantennetz muss zwingend ein genormter mobiler Systemtrenner B-FW in die Treibwasserleitung eingekuppelt werden.

8.8 Tragbare Turbotauchpumpe

Tragbare Turbotauchpumpen sind mit Wasser angetriebene tragbare Kreiselpumpen, die aus einem Turbinenteil und einem Pumpenteil bestehen. Sie werden im eingetauchten Zustand zur Förderung von Wasser, zum Auspumpen von Kellern, Schächten oder Gruben sowie zur Förderung von Löschwasser aus ungünstig gelegenen Löschwasserentnahmestellen oder bei großen Saughöhen und langen Saugleitungen verwendet.

Abbildung 29: Tragbare Turbotauchpumpe (Quelle: AWG Fittings GmbH, Ballendorf)

Eine tragbare Turbotauchpumpe wird über ein Löschfahrzeug mit Löschwasserbehälter in einem geschlossenen Kreislauf aus B-Druckschläuchen angetrieben. Das von der Feuerlöschkreiselpumpe abgegebene Wasser treibt über den Treibwassereingang (blau) die Wasserturbine in der Turbotauchpumpe an, die über eine gemeinsame Welle mit der Kreiselpumpe verbunden ist. Danach fließt das Wasser über die am Treibwasserausgang (blau) angeschlossene B-Schlauchleitung zum Löschwasserbehälter zurück.

Über die gemeinsame Welle wird in der Turbotauchpumpe das am unteren Ende angebrachte Laufrad der Kreiselpumpe angetrieben und das zu fördernde Wasser über die am Förderwasserausgang (rot) angeschlossene B-Schlauchleitung abgeführt. Das Treibwasser und das Förderwasser sind innerhalb der Turbotauchpumpe völlig voneinander getrennt, ein Vermischen von sauberem Treibwasser mit gegebenenfalls verschmutzten Förderwasser wird so ausgeschlossen.

Für den wirksamen Einsatz einer tragbaren Turbotauchpumpe sind die angeschlossenen B-Druckschläuche möglichst gradlinig und ohne Knickstellen auszulegen. Zum Entleeren des Treibwasserkreislaufes nach Beendigung eines Einsatzes ist im Pumpengehäuse ein Entleerungsventil eingebaut, das über eine angebrachte Ventilleine betätigt wird. Am Pumpengehäuse sind weiterhin Halteösen angebracht, an denen zum Ablassen, Sichern und Hochziehen der Turbotauchpumpe weitere Mehrzweckleinen befestigt werden können.

8.9 Selbstkontrolle und Testfragen

(Lösungen siehe Seite 111)

1. In welche Typen werden Tragkraftspritzen PFPN eingeteilt?

a) PFPN 8/8
b) PFPN 6-500
c) PFPN 10-1000
d) PFPN 10-1500
e) PFPN 40-250

2. Welche Angaben zu einer Tragkraftspritze PFPN sind zutreffend?

a) Startmöglichkeit mit einer rückschlagsicheren Handstarteinrichtung
b) Kraftstoffbehälter, für einen zweistündigen Betrieb bemessen
c) Kraftstoffbehälter, für einen einstündigen Betrieb bemessen
d) Pumpendruckregelungen durch automatische Druckvorwahl

3. Welche Nennleistungen sind für genormte tragbare Stromerzeuger vorgesehen?

a) Nennleistung 230 Volt
b) Nennleistung 400 Volt
c) Weniger als 5 Kilovoltampere
d) Mindestens 5 Kilovoltampere

4. Welche elektrische Ausrüstung gehört zu einem genormten tragbaren Stromerzeuger?

a) Eine Last-/Spannungsanzeige
b) Ein Schutzleiter-Überwachungsgerät
c) Ein Betriebsstundenzähler
d) Eine druckwasserdichte Steckdose für 400 Volt (Drehstrom)
e) Drei druckwasserdichte Steckdosen für 230 Volt (Wechselstrom)
f) Schutzschalter mit magnetischer und thermischer Auslösung

5. Welche wesentlichen Teile gehören zu einer genormten tragbaren Kettensäge?

a) Das Motorteil
b) Die Handgriffe
c) Die Entlüftungseinrichtung
d) Die Sägevorrichtung
e) Die Anzeigeinstrumente

6. Welche Antriebsarten werden für Belüftungsgeräte verwendet?

a) Verbrennungsmotoren
b) Elektromotoren (auch mit Akku-Betrieb)
c) Hydraulikmotoren
d) Fahrzeugmotoren
e) Wasserturbinen

7. Wozu werden tragbare Tauchmotorpumpen verwendet?

a) Zur Förderung von Wasser im Lenzeinsatz
b) Als Zubringerpumpen für Feuerlöschkreiselpumpen
c) Zum Auspumpen von Wasser aus gefluteten Räumen, Kellern, Schächten oder Gruben
d) Zum Fördern brennbarer Flüssigkeiten, Gefahrstoffe oder Lösemittel

8. Welche Anschlüsse befinden sich an einer Wasserstrahlpumpe?

a) Eine A-Festkupplung für den Eingang des Treibwassers
b) Eine C-Festkupplung für den Eingang des Treibwassers
c) Eine B-Festkupplung für den Ausgang des Gesamtwassers
d) Eine C-Festkupplung für den Ausgang des Gesamtwassers
e) Eine A-Festkupplung für den Eingang des Gesamtwassers

9 Literatur- und Quellenverzeichnis

Feuerwehr-Dienstvorschrift FwDV 3 „Einheiten im Lösch- und Hilfeleistungseinsatz“, Stand: Februar 2008, Verlag W. Kohlhammer, Stuttgart

DIN-Normen, Bezug der DIN-Normen bei der Beuth Verlag GmbH, Burggrafenstraße 6, 10787 Berlin

DGUV Vorschrift 49 „Unfallverhütungsvorschrift Feuerwehren“, Ausgabe: Juni 2018, Deutsche Gesetzliche Unfallversicherung e.V., Berlin

DGUV Vorschrift 70 „Unfallverhütungsvorschrift Fahrzeuge“, aktualisierte Fassung August 2007, Deutsche Gesetzliche Unfallversicherung e.V., Berlin

DGUV Regel 105-049 „Feuerwehren“, Ausgabe: Juni 2018, Deutsche Gesetzliche Unfallversicherung e.V., Berlin

Dubig, M.: Handbuch für Maschinisten, 4. Auflage 2008, Wenzel-Verlag, Marburg

Hamilton, W.: Handbuch für den Feuerwehrmann, 21. Auflage 2012, Boorberg-Verlag, Stuttgart

Lösungen zu Kapitel 2.5: 1. c); 2. b), c) und d); 3. a), b) und c); 4. d)

Lösungen zu Kapitel 3.4: 1. a), b) und c); 2. b); 3. a) bis d); 4. b); 5. a) und d); 6. b), c) und d); 7. a), b) und d); 8. a), b) und c)

Lösungen zu Kapitel 4.3: 1. a) und c); 2. b); 3. a), c) und e); 4. d); 5. a), d) und e); 6. a) und c); 7. a), c) und e); 8. b) und c)

Lösungen zu Kapitel 5.3: 1. a), b), d) und e); 2. a) und c); 3. a), b) und e); 4. a) und c)

Lösungen zu Kapitel 6.10: 1. a), d) und e); 2. a) und c); 3. b), c) und e); 4. a), c) und d); 5. b); 6. c); 7. a), b) und c); 8. a), d) und e)

Lösungen zu Kapitel 7.4: 1. d) und e); 2. a) c) und d) 3. b), c) und d); 4. a) und d); 5. c); 6. c); 7. a) bis d); 8. b); 9. a) und b)

Lösungen zu Kapitel 8.9: 1. b), c) und d); 2. a) und c); 3. c) und d); 4. a), c) bis f); 5. a), b) und d); 6. a), b) und e), 7. a), b) und c); 8. b) und c)